美人指

夏至红

U0364904

森田尼无核

1

金手指

巨　峰

圣诞玫瑰

2

维多利亚

魏 可

摩尔多瓦

香　妃

早黑宝

郑州早玉

4

"T"形水平架整形

避雨栽培

避雨栽培"V"
形架三角形结构
（孙海生 提供）

果实套袋

果园植草

日光温室栽培

小棚架独龙干整形

日灼病危害状
（热伤害型）

冻害危害状

7

霜霉病危害状

炭疽病危害状

灰霉病危害状

8

果树周年管理技术丛书

葡萄 周年管理关键技术

主 编

蒯传化

副主编

刘三军 孙海生 郑先波

编著者

蒯传化 刘三军 孙海生 郑先波

于巧丽 刘 通 程阿选 许领军

孙传珍 孙现怀

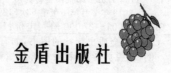

金盾出版社

内 容 提 要

　　本书是"果树周年管理技术丛书"的一个分册,内容包括:概述,鲜食优良品种及砧木,建园定植及整形,发芽前的管理,发芽后至开花前的管理,开花坐果期管理,果实生长发育期管理,果实采收与贮藏,果实采收后的田间管理,冬季田间管理,避雨栽培技术,葡萄病虫害防治等12章。本书内容丰富,科学实用,可供广大果农、园艺工作者阅读参考。

图书在版编目(CIP)数据

　　葡萄周年管理关键技术/蒯传化主编·— 北京:金盾出版社,2012.1(2018.2 重印)

　　(果树周年管理技术丛书)

　　ISBN 978-7-5082-7272-6

　　Ⅰ.①葡⋯ Ⅱ.①蒯⋯ Ⅲ.①葡萄栽培 Ⅳ.①S663.1

　　中国版本图书馆 CIP 数据核字(2011)第 221015 号

金盾出版社出版、总发行

北京市太平路 5 号(地铁万寿路站往南)

邮政编码:100036　电话:68214039　83219215

传真:68276683　网址:www.jdcbs.cn

双峰印刷装订有限公司印刷、装订

各地新华书店经销

开本:850×1168 1/32　印张:6　彩页:8　字数:132 千字

2018 年 2 月第 1 版第 6 次印刷

印数:24 001～27 000 册　定价:16.00 元

(凡购买金盾出版社的图书,如有缺页、

倒页、脱页者,本社发行部负责调换)

前言

　　葡萄是目前我国种植的见效最快、效益最高的少数几个果树树种之一。在一般栽培管理条件下,定植后翌年即可获得一定产量,第三年就能进入丰产期,每667米² 产量可达2 000千克以上,产值少则万元,多则几万元。葡萄因其具有丰富的营养、优美的口味,深受广大消费者欢迎,在我国具有广阔的发展前景。

　　本书最大的特点是技术实用、可操作性强。作者站在种植者的角度,对葡萄周年管理关键技术做了详细叙述。这些内容涉及定植当年管理技术、几种常见树形的整形过程、新梢管理、花序及果穗管理、肥水管理、病虫害防治、促进花芽分化的措施、冬季修剪等方面。针对葡萄生产中存在的问题,书中还就优良品种选择、避雨栽培等做了较为详细的介绍。为加深读者理解,书中多处进行了必要的理论阐述,有关章节还配有插图。

　　书中涉及的栽培密度、留穗量、施肥量、新梢密度等,因地区不同、栽培目的不同而存在差异;药剂的使用浓度也会逐年发生变化,新的药剂会不断产生。对诸如此类的问题,敬请读者灵活掌握。

　　作者在中国农业科学院郑州果树研究所从事葡萄栽培及品种选育工作20余年,有幸观摩全国多地葡萄栽培及品种展示示范园,并亲身实践葡萄规范化栽培技术;有幸接触到葡萄界众多的专家学者,在学习与交流的过程中不断完善。由于本人水平有限,不妥之处在所难免,真诚地恳请各位专家、学者、读者批评指正! 欢迎提出自己的意见和建议,以便今后不断改进。

编 著 者

通信地址:中国农业科学院郑州果树研究所
邮政编码:450009
Email:huawei000063@163.com
咨询电话:13939093835

目　　录

第一章　概述 …………………………………………………… (1)

一、我国葡萄生产现状 ………………………………………… (1)

　（一）鲜食葡萄栽培面积及产量世界第一………………… (1)

　（二）区域优势逐渐凸显 …………………………………… (2)

　（三）栽培形式多种多样 …………………………………… (2)

　（四）品种结构逐步完善 …………………………………… (3)

二、生产上存在的主要问题 …………………………………… (3)

　（一）品种结构不够合理 …………………………………… (3)

　（二）生产标准化程度偏低 ………………………………… (4)

　（三）优质生产观念淡薄 …………………………………… (4)

　（四）果品营销水平有待提高 ……………………………… (5)

三、我国葡萄产业发展趋势 …………………………………… (6)

　（一）栽培区域化 …………………………………………… (6)

　（二）管理标准化 …………………………………………… (6)

　（三）生产优质化 …………………………………………… (7)

　（四）采摘观光果园将得到迅速发展 ……………………… (7)

　（五）果品营销意识将得到加强 …………………………… (8)

第二章　鲜食优良品种及砧木 ……………………………… (9)

一、欧亚种 ……………………………………………………… (9)

　（一）早熟品种 ……………………………………………… (9)

　（二）中熟品种 …………………………………………… (17)

　（三）晚熟品种 …………………………………………… (19)

二、欧美杂交种 ……………………………………………… (23)

　（一）早熟品种 …………………………………………… (23)

1

目 录

（二）中熟品种 …………………………………… （24）

（三）晚熟品种 …………………………………… （27）

三、无核品种 ………………………………………… （28）

（一）早熟品种 …………………………………… （28）

（二）中熟品种 …………………………………… （29）

（三）晚熟品种 …………………………………… （31）

四、优良砧木 ………………………………………… （31）

（一）贝达 ………………………………………… （31）

（二）SO_4 ……………………………………… （32）

（三）5BB ………………………………………… （32）

五、葡萄品种选择的原则与方法 …………………… （33）

（一）根据栽培地区选择品种 …………………… （33）

（二）根据栽培方式选择品种 …………………… （35）

（三）根据销售目标选择品种 …………………… （36）

（四）根据栽培面积选择品种 …………………… （37）

（五）兼顾葡萄产业发展方向 …………………… （37）

（六）优良的农艺性状是葡萄品种选择的重要依据 …… （38）

第三章　建园定植及整形 ………………………………… （40）

一、园地选择 ………………………………………… （40）

（一）土壤选择 …………………………………… （40）

（二）位置选择 …………………………………… （40）

二、果园规划 ………………………………………… （41）

（一）道路系统 …………………………………… （41）

（二）排灌系统 …………………………………… （41）

三、整地 ……………………………………………… （42）

（一）葡萄生长发育对土壤条件的要求 ………… （42）

（二）施肥整地 …………………………………… （43）

四、定植技术 ………………………………………… （44）

（一）确定行距 …………………………………… （44）

（二）挖定植沟 …………………………………… （44）

（三）适时栽植 …………………………………… （45）

（四）地膜覆盖 …………………………………… （47）

五、定植当年管理 ………………………………… （48）

（一）定植当年培养目标 ………………………… （48）

（二）除梢定枝 …………………………………… （48）

（三）肥水促长 …………………………………… （48）

（四）防治霜霉病 ………………………………… （49）

六、几种常见架式及配套整形过程 …………………… （50）

（一）"V"形架单干双臂、单干单臂整形过程 …… （50）

（二）小棚架及龙干形整形过程 ………………… （60）

（三）"T"形水平架 ……………………………… （65）

第四章　发芽前的管理 …………………………… （67）

一、出土上架 ………………………………………… （67）

二、果园清理 ………………………………………… （67）

三、果园喷药 ………………………………………… （68）

四、肥水管理 ………………………………………… （68）

五、伤流的预防 ……………………………………… （69）

第五章　发芽后至开花前的管理 ………………… （70）

一、晚霜冻的防治 …………………………………… （70）

（一）危害症状 …………………………………… （70）

（二）发生规律 …………………………………… （70）

（三）预防措施 …………………………………… （72）

（四）补救措施 …………………………………… （73）

二、枝条引缚 ………………………………………… （74）

（一）引缚的目的 ………………………………… （74）

（二）结果母枝的引缚 …………………………… （74）

（三）新梢的引缚 …………………………………（75）

三、抹芽与定梢 …………………………………………（75）

（一）抹芽定梢的目的 ……………………………（75）

（二）抹芽的时期及方法 …………………………（75）

（三）定梢的时期及方法 …………………………（75）

四、花序疏除与花序整形 ………………………………（76）

（一）花序疏除 ……………………………………（76）

（二）花序整形 ……………………………………（77）

五、摘心 …………………………………………………（79）

（一）结果枝摘心 …………………………………（79）

（二）预备枝摘心 …………………………………（80）

六、副梢的处理 …………………………………………（81）

（一）抹除副梢的必要性 …………………………（81）

（二）抹除副梢的方法 ……………………………（81）

（三）副梢的利用 …………………………………（82）

七、果园植草 ……………………………………………（83）

（一）现代葡萄生产对土壤肥力的基本要求 ……（83）

（二）果园植草的生态效应 ………………………（84）

八、病虫害防治 …………………………………………（85）

（一）2～3 叶期的防治 ……………………………（85）

（二）花序分离期（开花前 10～15 天）的防治 ……（86）

（三）开花前的防治 ………………………………（87）

第六章 开花坐果期管理 ………………………………（88）

一、开花坐果期的发育特点 ……………………………（88）

（一）开花期 ………………………………………（88）

（二）坐果期 ………………………………………（88）

（三）落花期 ………………………………………（89）

二、主要管理技术 ………………………………………（89）

(一)果实增大及无核化处理技术 ……………… (89)

(二)落花落果的原因及防治措施 ……………… (92)

(三)果实大小粒形成的原因 …………………… (94)

第七章　果实生长发育期管理 ………………… (95)

一、定果穗 ……………………………………… (95)

(一)定穗目的 …………………………………… (95)

(二)定穗时期及方法 …………………………… (95)

二、果穗整理 …………………………………… (96)

(一)果穗整理的目的 …………………………… (96)

(二)果穗整理的时期 …………………………… (96)

(三)果穗整理的方法 …………………………… (96)

(四)合理负载 …………………………………… (98)

三、果粒增大技术 ……………………………… (99)

(一)果实的 3 个生长阶段 ……………………… (99)

(二)果粒增大技术 ……………………………… (100)

四、病虫害防治 ………………………………… (101)

(一)套袋时期的确定 …………………………… (101)

(二)落花后第一次喷药 ………………………… (102)

(三)落花后第二次喷药 ………………………… (102)

(四)套袋前的果穗药剂处理 …………………… (103)

五、果穗套袋技术 ……………………………… (103)

(一)套袋的意义 ………………………………… (103)

(二)果袋选择 …………………………………… (104)

(三)套袋时间 …………………………………… (106)

(四)套袋方法 …………………………………… (107)

六、果实生长期的肥水管理 …………………… (107)

(一)肥水管理的重要性 ………………………… (107)

(二)施肥时期 …………………………………… (108)

（三）施肥方法·······································（108）

（四）施肥的种类及施肥量·····················（109）

（五）叶面施肥···································（110）

七、提高葡萄品质的措施······················（111）

（一）限产栽培···································（111）

（二）适时采收···································（112）

（三）果穗套袋···································（112）

（四）施足基肥···································（112）

（五）增钾控水···································（112）

（六）主干环剥···································（113）

（七）去除老叶···································（113）

（八）疏除不良果粒·····························（113）

（九）选用优质品种·····························（113）

八、裂果的原因及预防措施····················（114）

（一）品种问题···································（114）

（二）水分管理失调·····························（114）

（三）果粒着生过于紧密·······················（115）

（四）缺素·······································（115）

九、防治日灼病·································（115）

（一）日灼病的种类·····························（115）

（二）防治措施···································（116）

十、促进葡萄花芽分化的措施·················（118）

（一）肥水管理是基础·························（118）

（二）新梢管理是关键·························（119）

（三）后期管理是保障·························（120）

十一、果实成熟期去老叶······················（120）

十二、避免田间积水的措施····················（121）

第八章　果实采收与贮藏······················（122）

一、采前准备工作 ……………………………………… (122)

(一)去除果袋……………………………………… (122)

(二)摘除裂果、烂果 ……………………………… (122)

二、适时采收 ……………………………………… (122)

(一)根据不同品种确定采收期………………… (123)

(二)根据不同销售目的确定采收期…………… (123)

三、分级与包装 …………………………………… (124)

(一)果穗修整分级………………………………… (124)

(二)果实包装……………………………………… (124)

四、贮藏保鲜 ……………………………………… (124)

(一)入库前的准备………………………………… (124)

(二)预冷及温度控制……………………………… (124)

(三)贮藏期间容易出现的问题…………………… (125)

第九章 果实采收后的田间管理……………………… (126)

一、及时施基肥 …………………………………… (126)

(一)有机肥的施用方法…………………………… (126)

(二)基肥施用时期及方法………………………… (126)

二、提高植株养分积累 …………………………… (128)

(一)防病保叶……………………………………… (128)

(二)果实采收后及时施肥………………………… (129)

(三)去老叶………………………………………… (129)

三、早霜冻害的预防 ……………………………… (130)

(一)症状类型……………………………………… (130)

(二)发生规律及防治措施………………………… (130)

第十章 冬季田间管理………………………………… (132)

一、冬季防寒 ……………………………………… (132)

(一)葡萄冻害的类型……………………………… (132)

(二)冬季冻害的预防措施………………………… (132)

目　录

二、冬季修剪 ………………………………………（134）

　（一）修剪的目的 ……………………………（134）

　（二）修剪时期 ………………………………（135）

　（三）修剪方法 ………………………………（135）

第十一章　避雨栽培技术 …………………………（141）

一、避雨栽培的优点 ………………………………（141）

　（一）扩大了品种选择范围 …………………（141）

　（二）减轻病害发生 …………………………（141）

　（三）提高果实品质 …………………………（142）

　（四）有利于花芽分化 ………………………（142）

　（五）提高经济效益 …………………………（142）

二、避雨设施的基本构造 …………………………（142）

　（一）避雨棚下适宜的架式 …………………（142）

　（二）行距的确定 ……………………………（143）

　（三）避雨栽培的基本架式结构 ……………（143）

　（四）覆膜和揭膜 ……………………………（145）

三、避雨栽培的品种选择 …………………………（146）

四、避雨栽培条件下的特殊管理 …………………（146）

　（一）套袋技术 ………………………………（146）

　（二）病虫害防治 ……………………………（147）

　（三）水分管理 ………………………………（148）

　（四）新梢管理 ………………………………（149）

第十二章　葡萄病虫害防治 ………………………（150）

一、病虫害应以预防为主 …………………………（150）

二、病虫害综合防治措施 …………………………（151）

　（一）植物检疫 ………………………………（151）

　（二）农业防治 ………………………………（151）

　（三）生物防治 ………………………………（152）

（四）物理防治……………………………………（152）

（五）药剂防治……………………………………（152）

三、主要病害的防治…………………………………（152）

（一）霜霉病………………………………………（152）

（二）炭疽病………………………………………（154）

（三）白腐病………………………………………（154）

（四）灰霉病………………………………………（155）

（五）黑痘病………………………………………（156）

（六）白粉病………………………………………（157）

（七）穗轴褐枯病…………………………………（158）

（八）酸腐病………………………………………（158）

四、主要虫害的防治…………………………………（160）

（一）东方盔蚧……………………………………（160）

（二）透翅蛾………………………………………（161）

（三）绿盲蝽………………………………………（162）

（四）叶蝉…………………………………………（162）

附录……………………………………………………（163）

附录1 葡萄周年管理工作历………………………（163）

附录2 葡萄病虫害年防治历………………………（165）

主要参考文献……………………………………………（166）

第一章 概　述

一、我国葡萄生产现状

（一）鲜食葡萄栽培面积及产量世界第一

我国葡萄生产自 20 世纪 80 年代以来得到了迅速发展，出现了 2 次发展高潮，葡萄生产规模、生产水平大幅度增长，有力地促进了农民增收、农村经济的发展。其中，20 世纪 80 年代的大发展是以巨峰品种为代表，2000 年前后的大发展以红地球品种为代表。据不完全统计，截止到 2011 年，我国巨峰系葡萄品种的栽培面积占葡萄总面积的 50％左右，主要分布在降雨偏多的东部及中南部地区；红地球品种的栽培面积占葡萄总面积的 20％左右，主要分布在中西部地区。据农业部有关资料统计，进入 21 世纪的前 10 年，我国葡萄发展呈现出稳步上升的势头，截止到 2009 年底，我国葡萄栽培面积已达 49 万公顷，总产量 794 万吨，平均单产为 16 吨/公顷。我国鲜食葡萄的面积和产量居世界第一。

北方地区始终是我国葡萄生产的主要产区，新疆、山东、河北、辽宁、河南等地在我国葡萄生产中一直占有主导地位。在 20 世纪 80 年代以前，长江以南地区只有零星栽培的小片葡萄园，自 20 世纪 80 年代后期开始，南方地区葡萄有了长足的发展，受南方发达地区高消费市场的拉动，依托避雨栽培、观光栽培，葡萄生产规模近年来有了很大的发展，栽培档次在全国处于领先水平。

第一章　概　述

(二)区域优势逐渐凸显

我国葡萄的栽培区域逐渐扩大,除香港、澳门以外,目前我国所有地区均有葡萄栽培。经过几十年的发展,我国葡萄生产逐步向生产的优势区域、销售的优势区域集中,区域优势逐渐呈现。目前已经基本形成了西北干旱产区、黄土高原干旱半干旱产区、环渤海湾产区、黄河中下游产区、西南产区和以长江三角洲为核心的南方产区。

(三)栽培形式多种多样

我国葡萄由原来单一的露地栽培逐渐向栽培形式的多样化发展,目前主要的栽培方式有露地栽培、设施栽培两大类。设施栽培分为促早栽培、延迟栽培和避雨栽培3种类型。在促早栽培中,又分为日光温室促成栽培、塑料大棚促成栽培、避雨加促成栽培等类型。截止到2000年,我国设施葡萄栽培面积约为6万公顷。在设施栽培中,以避雨栽培面积最大,面积约4万公顷,主要分布在以长江三角洲为核心的南方地区;其次为促早栽培,主要集中在环渤海湾地区及东北地区;延迟栽培近年来发展也较为迅速,主要分布在西部干旱地区。

栽培的架式及配套的树体整形方法也多种多样,常见的有棚架、"V"形架、高宽垂架、"T"形架、"H"形架等。为提高栽培档次、增加单位面积收益,有些地区还采取了有核品种的无核化栽培、根域限制栽培、一年两熟栽培等。其栽培内容丰富多样,各地均涌现出了不少的生产典型、种植能手,有力地促进了当地及我国葡萄产业的发展。

葡萄发源于地中海气候相对干燥、凉爽的地区,干燥凉爽的气候适合其生长发育。由于受气候条件的限制,我国南方雨水较多、病害发生较重,长江以南被看作避雨栽培区,即采取避雨栽培时多数葡萄才能种植成功;以经过河南安阳与河北邯郸交界点,形成的一条东北西南方向的直线为分界线,此线以北地区常被看作是埋土防寒地区,该区由于气候寒冷,冬季必须采取埋土防寒措施才能使植株安全越冬。而介于上述 2 个区域的中间地带,在冬季没有采取埋土防寒的情况下,生产问题往往比较突出,植株常常发生冻害。

(四)品种结构逐步完善

巨峰和红地球是鲜食葡萄栽培面积中 2 个最大的品种,巨峰系的葡萄品种(如巨峰、藤稔、京亚、醉金香、8611、夏黑、巨玫瑰等)由于抗病性强、品质好、管理方便,栽培范围极为广泛,约占全国葡萄总栽培面积的 70% 左右;红地球葡萄栽培面积约占总面积的20% 左右,这与其晚熟特性、良好的综合性状及良好的耐贮运性有很大关系。进入 21 世纪以来,我国葡萄品种的引种与育种速度不断加快,一些优良新品种(如巨玫瑰、醉金香、夏黑、魏可等)的栽培面积逐渐扩大,鲜食品种呈现多元化的发展趋势。除此之外,一些品种的区域特色较为明显,如意大利、龙眼、牛奶、京秀、保尔加尔等仅在局部地区种植。目前,我国栽培面积较大的品种有巨峰、红地球、夏黑、巨玫瑰、藤稔、京亚、维多利亚、乍娜、无核白、龙眼、粉红亚都蜜、8611、魏可等,栽培面积的大小从一定程度上也反映出品种的优劣。

二、生产上存在的主要问题

(一)品种结构不够合理

在我国目前栽培的葡萄品种中,中熟品种以巨峰为主,约占鲜食葡萄总面积的 50% 左右,中熟品种面积过大,品种单一是突出

问题。多数果农在品种选择时缺乏明确的目标,多受苗木销售者的诱导,也与周围果农的建议有一定关系,而缺乏明确的种植目标,国家研究单位、科技人员缺少对果农在葡萄品种选择上的指导,多数地区产生盲目种植、单一品种过分集中、经济效益低下等问题突出,没有根据市场的需求合理地选择品种,更没有以市场预测的观念去选择品种。品种结构很不合理是目前葡萄生产中的突出问题,应加以改进。

葡萄栽培区域化是我国目前大力提倡的。葡萄生产需要一定的生态环境,不同品种具有不同的特性,需要一个最适合其生长的环境条件,目前,我国在这方面的工作做得不够,没有对重要品种进行较为准确的生产定位,严重影响葡萄种植者对品种的选择。

(二)生产标准化程度偏低

在相当多的地方,没有根据生产的实际需要制定适合当地生产情况的标准化种植模式,花芽分化、土肥水管理、病虫害防治、优质丰产等仍是目前突出的问题,制定标准化种植模式是解决这些问题的根本措施。在制定标准化模式的地方,由于模式与实际生产严重脱节,其技术也不能得到果农的认可,缺乏规范化的操作标准,更没有建立起以优质安全为目的的标准化葡萄栽培技术与管理体系,多数葡萄种植区的种植观念仍停留在数量效益型的阶段,对质量效益型、品牌效益型认识不足。

在我国中部及南部相当多的果园,有些品种往往表现出结果性能较差的问题,花芽分化不良是引起这些问题的根源,也是今后需要特别注意改进的地方。

(三)优质生产观念淡薄

国外葡萄种植把优质生产放在优先位置加以重视,优质生产也是我国葡萄发展的方向,也是目前大力提倡的。随着人们生活的不断改善,消费水平也在不断提高,消费者不仅要求含糖量高的葡萄果实,而且还要求具有良好的口感、优美的外观及一定的香味。在香味的选择中,不同的人群也有不同的需求。而我们的葡萄种植者往往是根据自己的观念、自己的偏好去种植,而忽视了消费者的消费愿望。不同消费者的消费需求是存在差异的,根据自己个人的喜好进行生产是忽视市场因素的典型做法,应加以改变。果品的优质与否决定着是否容易销售及销售价格水平,在消费水平越高的地区,优质葡萄与一般葡萄的差价越大,并且这种差距有逐年扩大的趋势。优质品牌的创建也是以优质为基础的。

(四)果品营销水平有待提高

人们种植葡萄的目的是为了获得较高的经济效益。而多数果品生产者仍停留在销售观念阶段,甚至是仅停留在生产观念上,缺乏对营销知识的系统了解,影响品牌的塑造和收入的进一步提高。销售观念讲的是一种短期行为,而营销观念是一种长期行为,营销工作做好了,销售就变得非常容易,而且会获得更高的效益并赢得良好的口碑。多数葡萄种植者的观念仍停留在生产观念阶段,盲目追求产量,以较高的产量获得较高的效益,重视生产,忽视销售。在产品销售中,很少考虑以营销的观点去进行销售,很少考虑品牌的创建。葡萄品种的选择、产量与质量的控制等都应该以市场为目标,要根据消费者不同的嗜好去调整生产方式,最大限度地满足消费者的需求是我们今后应该努力的方向。应该根据消费者的需求去调整生产,通过满足不同消费者的需求而获得最大的经济效益。通过开展优质服务、让顾客满意等措施,促进顾客再次光临,并影响其周围消费者的购买意向,只有这样才会逐步赢得良好的口碑,而良好的口碑正是品牌创建的基础。

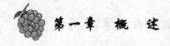

三、我国葡萄产业发展趋势

(一)栽培区域化

像其他果树树种一样,葡萄也有其最为适宜的栽培区域,只有在优势区域栽培,葡萄才能更好地体现出优良的性能,产品才具有市场竞争力。从国家宏观角度来讲,在优势产区要加大生产规模、重点扶持,在非优势区域可适当发展,就近供应市场。目前,我国葡萄划分为 7 个优势区域,即东北中北部产区、西北产区、黄土高原产区、环渤海湾产区、黄河故道产区、南方产区和云贵川高原半湿润区。

每个葡萄品种均具有不同的特性,都有一个最适合其生长发育的地方,即每个品种都有一个适合它们自己的"家",如巨峰系品种由于抗病性强,适宜在东部降雨较多且不避雨栽培的地区栽植,而红地球品种更适宜在中西部地区栽植;一些生长势旺盛的品种适合在中西部地区的干旱、半干旱地区栽植,可降低生长势,促进坐果,而在中部及南部地区种植,丰产性会受到一定影响;具有裂果倾向的品种,可以安排在设施栽培条件下,有利于控制水分,会大大减轻裂果。因此,要重视葡萄的区域化种植,根据不同品种的具体特性,寻找品种最适宜的"家"。

(二)管理标准化

标准化管理是现代葡萄生产的客观要求。现代葡萄生产要求品种具有优质、丰产、抗病、容易管理等良好特性,而优质是目前葡萄生产的第一追求目标。为实现这个目标,要求对葡萄栽培具有一个相对规范化的、统一的模式,主要涉及品种选择、土壤管理、架式选择、果穗管理、果穗套袋、限产栽培等方面,以最大限度地发挥品种特性,达到管理简便、品质优异、效益良好的生产目标。因为每个品种的特性均有差异,应根据品种的具体特性,对每个栽培品种均制定出一套适合其具体情况的配套栽培技术。

(三)生产优质化

在国际上,优质化、无核化早已是葡萄生产的优先目标。而在我国,目前也逐渐成为生产的主要目标。目前,我国葡萄的生产目标正逐步由数量效益型向质量效益型、品牌效益型转化,采取优质品种、无核品种、限产栽培、提高品质已成为主要的发展方向,并且受到越来越多人的重视,目前在我国南方及沿海发达地区已成为生产的主流。优质品种的选择是生产优质葡萄的关键,世界上没有一个十全十美的葡萄品种,在目前我国的优质葡萄品种中,相当多的都具有明显的缺点,而通过技术措施克服这些缺点将会使品种变得更为完美。通过限制产量、果穗套袋、成熟期增钾控水、增加土壤有机质含量、均衡配方施肥、适时采收等措施,均能提高果实的品质。优质才能优价,越是发达地区,优质葡萄的价格与一般品质葡萄的价格的差距越大,并且随着人们生活水平的不断提高,这种差距会逐步进一步加大,应引起我们的高度重视。

(四)采摘观光果园将得到迅速发展

近年内,应消费者的需求,在各地出现了不少的采摘观光园,这些采摘观光园多建在城市郊区、发达地区、交通相对方便的地方。随着人们生活节奏的加快,人们需要寻找休闲的地方放松心情、休养身心、解除疲劳。这些观光园的建立正是迎合了这样的需求,因此深受欢迎。越是大城市、富裕地区这些采摘观光性质的果园越具有强大的生命力,消费者不仅可以品尝到香甜可口的葡萄果实,而且还可以在田间放松自己。为迎合消费者的需求,应将葡萄进行精雕细刻,使葡萄形、色、香、味俱佳。应采取先进的栽培技

术,将葡萄园逐步向休闲化、花园化的方向发展。在今后相当一段时间内,采摘观光葡萄园将得到迅速发展。

(五)果品营销意识将得到加强

近年来,葡萄种植者的观念由产量效益型逐步向质量效益型、品牌效益型转变,市场营销意识逐步加强,尤其在一些大型的果园、采摘观光果园,人们开始意识到要获得高效益,不但要生产出好的产品,而且也要价格合理、销售渠道要畅通、促销方式要合理、服务态度要让消费者满意,只有这样,顾客才能再次购买,并且影响到周围的人购买,使销售越来越好,并且逐步树立品牌形象。人们开始注意到,到果品市场销售时的价格远不如在葡萄园里等待顾客光临的价格理想,即使是相邻的果园,不同的产品质量、不同的服务态度也会带来收入上的差距。通过销售艺术推销果品是一种销售观念,而通过提高果品质量、提高服务态度等措施,让顾客满意,吸引顾客再次光临并影响到购买者周围人的购买欲望,使之再次光临、并使受影响者前来购买的做法是一种营销观念,两者有着本质的差别,并且会产生不同的效果。销售观念重视的是眼前利益,而营销观念考虑的是长远利益,是以让顾客满意为前提、生产者受益的一种双赢,是公司要做强做大所采取的必由之路。

第二章 鲜食优良品种及砧木

一、欧亚种

(一)早熟品种

1. 维多利亚

(1)品种来源 该品种由罗马尼亚杂交育成,亲本为绯红与保尔加尔,1996年引入我国。

(2)主要特性 在郑州地区7月中旬果实成熟。果穗大,圆柱形或圆锥形,平均单穗重630克,穗稍长,果粒着生中等紧密。果粒大,长椭圆形,平均单粒重9.5克,最大可达15克,不裂果,果皮绿黄色、中等厚,果肉硬而脆,甘甜爽口,品质佳,每果粒含种子多为2粒。

植株生长势中等,花芽分化特好,丰产稳产性好,结果枝率高,每结果枝平均果穗数1.3个,开花期遇到低温会产生较多的无核果。副梢结果力较强,果实成熟后不易脱粒,成熟后若不采收,可在树上维持较长挂果时间,较耐运输。抗灰霉病能力强。

(3)栽培要点 本品种的缺点是含糖量一般,口味偏淡,品质低于同类品种奥古斯特,花期遇低温会形成无核果实。突出优点是产量较高且较为稳定,较耐弱光低温,除露地栽培外,常被作为保护地早熟栽培的品种使用。生产上应注意通过增施磷、钾肥(尤其是钾肥)、及时摘心去副梢以控制旺长、成熟期适当控水、适时采收等措施,提高品质。可作为早熟主栽品种之一。

2. 矢富罗莎

(1)品种来源　别名为粉红亚都蜜、兴华一号、早红提。由日本杂交培育,1995年引入我国,目前在各地均有栽培。

(2)主要特性　在郑州地区7月上中旬即可成熟。植株生长势较强,枝条粗壮。果穗大,圆锥形,平均单穗重650克,最大可达1 500克以上。果粒长椭圆形,单粒重8~9克,果粒前端稍尖,正常情况下果皮为紫红色,产量较高时果皮为淡红色,上色整齐,果皮薄,不易脱粒。风味一般,但成熟后的果实挂在树上会减糖、褪色。

(3)栽培要点　在我国中部部分地区种植,容易出现花芽分化不佳、产量不稳定的现象,生产上应采取中、长梢修剪,春季枝条萌发后看穗定枝。通过加强水肥管理等措施,适当提高果实的品质。本品种在西部地区干旱、半干旱地区种植,花芽分化会明显提高,效果较佳。

3. 绯　红

(1)品种来源　别名乍娜,原产自美国。中国农业科学院郑州果树研究所1973年引入我国。

(2)主要特性　在郑州地区7月上中旬成熟。果穗大,平均单穗重750克,最大可达1 200克以上,果实较耐贮运。果粒大,平均单粒重8.4克,果实近圆形,果皮红色或紫红色、中等厚,果粉薄。肉质细脆,每果含种子1~4粒,以2粒者最多。果实微具玫瑰香味,无酸味,进入着色期后如水分管理不善,易出现裂果现象,沙质土壤裂果比黏土地严重。植株生长势较强,萌芽晚,每果枝平均着生1.6个花序,副梢结果能力较强,早果性强,幼树易丰产。丰产性好,且连年丰产。

(3)栽培要点　本品种裂果严重,生产上应十分注意。栽培的重要目标之一是减轻裂果,果实进入着色期前应加强肥水管理,土壤应保持较为合适的水分,进入着色期禁止灌水,果实发育期应适当补钙,注意防止裂果后的次生病害发生。避雨栽培或其他保护地栽培裂果现象会明显减轻,因此本品种可多用于设施栽培。

4. 香 妃

(1)品种来源 北京市农林科学院林业果树研究所通过杂交选育,2000 年育成,亲本为(玫瑰香×莎巴珍珠)×绯红。

(2)主要特性 在北京地区果实 7 月下旬至 8 月上旬可充分成熟。果穗较大,短圆锥形,带副穗,穗型大小均匀,果穗紧密度一般,单穗重 350~400 克。果粒大,近圆形,平均单粒重 7.6 克,果皮绿黄色、薄,质地脆,无涩味,果粉中等。果肉硬脆,有浓郁的玫瑰香味,品质极佳,是早熟品种中的佼佼者。树势中庸,结果枝率占 60%以上,单个果枝平均有花序 1.8 个,坐果率高,早果性强,丰产性好。在果实成熟期水分不均时,易产生裂果现象,尤其是成熟期前土壤干燥,进入成熟期突然遇水裂果更为严重。

(3)栽培要点 该品种果实易发生环裂,成熟期前,土壤应保持适当的水分供应。进入成熟期禁止灌水。因其具有优异的品质,适合在城市郊区、高消费地区、观光果园种植,高档栽培以供应高消费人群,避雨栽培与其他保护地栽培可有效地避免裂果现象发生。

5. 京 秀

(1)品种来源 中国科学院北京植物园通过杂交选育而成,亲本为玫瑰香和红无籽露。

(2)主要特性 在郑州地区 7 月上中旬成熟,比绯红、矢富罗莎成熟期略早。果穗圆锥形,穗形美观,单穗重 400~500 克。由于坐果率好,果粒着生紧密,椭圆形,单粒重 6 克左右,果实充分成熟时为玫瑰红色或鲜紫红色,肉脆味甜,每果实含种子 2~3 粒。生长势较强,结果枝率中等,枝条成熟较好,副梢结实力低,落花轻,坐果好,不裂果,较为丰产。果实着生牢固,不落粒,较耐运输。

抗病性较强。可作为早熟主栽品种的搭配品种。

（3）栽培要点　由于其果粒偏小、果实着生过于紧密、口味偏淡，进行优质栽培时，生产上应重点围绕此问题开展工作。如北方地区可在坐果后摘心，促进适当落果、减少坐果。也可于开花前15天左右用美国奇宝或国产赤霉素处理花序，可以适当拉长花序，避免果穗着生过于紧密。

6．凤凰 51

（1）品种来源　大连农业科学研究所育成，亲本为白玫瑰香和绯红，1988 年定名，目前在辽宁、山东、北京等地区栽培面积较大。

（2）主要特性　极早熟，比绯红、矢富罗莎熟期更早。果穗中等大，圆锥形，平均单穗重 420 克，最大可达 1 200 克以上，果粒着生紧密。果粒较大，近圆形或扁圆形，果面有较为明显的沟棱 3～4 条，果皮薄、紫红色，单粒重 7 克左右，果皮中等厚，肉脆，具浓玫瑰香味，果味甜酸，每果含种子 2～3 粒。植株生长势中等，芽眼萌发率中等。每结果枝平均有花序 16 个，副梢结实力弱，产量高。成熟前水分供应不均时，易产生裂果。较耐贮运。

（3）栽培要点　宜采用中短梢修剪。保护地栽培选用该品种效果好。

7．奥古斯特

（1）品种来源　罗马尼亚育成，亲本为意大利和葡萄园皇后，1996 年引入我国。

（2）主要特性　在郑州地区果实 7 月中旬成熟。花芽分化中等，栽培措施不当时，个别年份花偏少，产量低，出现大小年现象。开花期遇低温会产生大量无籽果。果穗圆锥形，单穗重 500 克左右，果实着生中等紧密，果实不耐贮运。果粒椭圆形，单粒重 9 克左右，果皮黄绿色，果实硬度中等，有玫瑰香味，无酸味，口感好，品质明显优于同类品种维多利亚。果实前期膨大过程中易出现大小果。果实膨大后期易出现裂果。植株生长势中等。可作为早熟主栽品种的搭配品种。

(3)**栽培要点** 栽培上应注意防治裂果、促进果粒大小均匀、防治无核果出现。

8. 87-1

(1)**品种来源** 别名鞍山早红。该品种发现于鞍山,具体来源不详。1993年被辽宁省审定为极早熟葡萄新品种。

(2)**主要特性** 在北京地区露地栽培7月底成熟。果穗宽圆锥形,有歧肩或副穗,果穗较大,平均单穗重550克,最大达2 000克以上。穗形紧凑、整齐,果粒着生紧密,长椭圆形,平均单粒重6克,果皮紫红色。果实硬脆,具浓玫瑰香味,无酸味,口感好,无裂果。植株生长势中等,花芽分化良好,丰产稳产,每果枝有花序1.7个左右。

(3)**栽培要点** 北方可作为早熟搭配品种,单穗留果可适当减少,以提高果实单粒重。因生长势较弱,可适当密植,增加单位面积枝条数量。

9. 早黑宝

(1)**品种来源** 山西省农业科学院通过杂交选育而成,亲本为瑰宝和早玫瑰,2000年育成,2003年通过山西省品种审定委员会审定。

(2)**主要特性** 四倍体,早熟品种,在山西晋中地区7月上旬果实开始上色,7月下旬成熟。花芽分化较好,丰产、稳产,容易产生无核小粒果,产量不稳定。果穗圆锥形,单穗重500克左右,果粒着生紧密,果实较耐贮运。果实椭圆形,平均单粒重6.6克,果皮紫黑色,果肉硬脆、爽口,有浓玫瑰香味,无酸味,口感好,无裂果。当年定植长势一般偏弱,随着树龄不断增加,生长势逐渐为中庸。适宜我国北方干旱、半干旱地区种植,在设施栽培中早熟特点尤其突出。

(3)**栽培要点** 该品种着色阶段果实增大十分明显,应抓好此期的肥水管理,以保证果实充分发育和品质的提高。部分栽培区域反映,该品种易产生无核小果粒,生产上应加强管理以避免。要注意严格控制负载量。

10. 红旗特早玫瑰

(1)品种来源　别名红旗特早,由山东省平度市红旗园艺场1996年从当地玫瑰香芽变中选出的一个特早熟品种,2001年通过山东省青岛市科委鉴定。

(2)主要特性　在山东省平度市6月下旬果实开始着色,7月中旬成熟。果穗圆锥形,有副穗,果穗较大,平均单穗重550克,最大可达1 500克以上。果粒着生较为紧密,圆形,较大,单粒重7~8克,果皮紫红色,果粉较薄,具有玫瑰香味,每果粒内含种子1~2粒。植株生长势中庸,耐瘠薄,较抗寒,结果枝率68%,每结果枝上平均有1.6个果穗。副梢结实力较强,丰产性好。果实成熟期遇雨水易发生裂果。

(3)栽培要点　果实生长前期要保持土壤水分均衡,着色后应严格控制灌水,以防裂果。

11. 京　艳

(1)品种来源　中国科学院北京植物园通过杂交选育而成,亲本为京秀和香妃。

(2)主要特性　早熟品种,北京地区8月上旬浆果成熟。果穗圆锥形,有副穗。果粒着生密度中等,平均单穗重420克。果粒椭圆形,单粒重6.5~7.8克,最大10.5克。果粉薄,果皮中厚,果皮与果肉不易分离,果肉与种子分离,果肉与果刷难分离,果汁中等。成熟时果实玫瑰红色或紫红色,果实着色对光照条件要求低,易着色。肉厚而脆,味酸甜,有玫瑰香味。种子多为3粒。结果枝占芽眼总数的58.5%,平均每一结果枝上的果穗数为1.67个。副梢结实力中等。早果性好,极丰产。果穗、果粒成熟一致。抗病性强。

（3）栽培要点　篱架、棚架栽培均可，中长梢修剪。丰产性强，易超产，应严格控制产量，壮枝留一穗果，细弱枝上不留果穗。每667 米² 产量控制在 1 000～1 250 千克。此品种易着色，在光照充足的地区或年份果实为紫红色，进行套袋可得玫瑰红色果实。

12. 瑞都香玉

（1）品种来源　原名 26-11-4，由北京市农林科学院林业果树研究所育成，亲本为京秀和香妃，2007 年通过北京市审定。

（2）主要特性　在北京地区果实 8 月中旬成熟。果穗长椭圆形，有副穗或歧肩，平均单穗重 430 克。果粒着生较松，椭圆形或卵圆形，平均单粒重 6.3 克。果皮黄绿色，果皮薄或中等厚，稍有涩味。果粉薄，果肉较脆，酸甜多汁，有玫瑰香味，香味中等。果梗抗拉力中等，有种子 3～4 粒。树势生长势中庸或稍旺，丰产性强，平均萌芽率 71%，平均结果系数 1.7。

（3）栽培要点　中短梢修剪，坐果期注意疏花疏果。

13. 京　蜜

（1）品种特性　原编号 97-3-43，由中国科学院北京植物园育成，亲本为京秀与香妃，2007 年通过北京市审定。

（2）主要特性　在北京市露地栽培，7 月下旬果实可充分成熟，为极早熟品种。果穗圆锥形，中等大，大小整齐，平均单穗重 370 克。果粒着生紧密，扁圆形或近圆形，大部分果粒有 3 条浅沟，黄绿色，成熟一致，果粒较大，平均单粒重 7 克，果皮薄、肉脆、汁中多、味甜，有玫瑰香味，品质上等。果实成熟后延迟采收 45 天不掉粒、不裂果、含糖量持续增加、风味更加浓郁。植株生长势中等，隐芽萌发力中，结果系数 0.9，每果枝的果穗数 13.5 个。早果性好，极为丰产。

（3）栽培要点　丰产期要注意疏花疏果，控制产量。

14. 郑州早玉

（1）品种来源　别名 18-5-1，由中国农业科学院郑州果树所通过杂交选育而成,亲本为葡萄园皇后和意大利,1978 年育成。

(2)主要特性 果穗较大,圆锥形,平均单穗重 430 克,果穗大小整齐,果粒着生中等紧密。果粒长椭圆形,较大,单粒重 8～9克,最大可达 13 克以上。果皮绿黄色,成熟时为黄绿色,皮较厚,果粉较薄,果实外形美观。果肉甜脆爽口,品质上等,有玫瑰香味。植株生长势中等,芽眼萌发率 90%,结果枝占芽眼总数的 70%,平均每个果枝有 1.2 个花序。副芽结实力强,早果性好,丰产。在郑州地区 7 月上旬成熟。果实成熟期雨水不均时,易产生裂果。

(3)栽培要点 本品种品质佳是其明显优点,而裂果是其主要缺点。生产上应围绕这些主要特性进行重点管理。适宜在城市郊区、富裕地区及观光园种植,更适合保护地栽培。加强成熟期前的水分供应,进入成熟期限制水分供应,可缓解裂果。

15. 莎巴珍珠

(1)品种来源 别名早白珍珠,原产自匈牙利,亲本为匈牙利玫瑰和奥托涅玫瑰。在世界各国栽培广泛,1951 年由匈牙利引入我国,我国各地有零星种植。

(2)主要特性 果穗中等大,平均单穗重 230 克,圆锥形,果粒着生中等紧密。果粒偏小,平均单粒重 3.2 克,近圆形。果皮绿黄色,完全成熟时为淡黄色,果皮中等厚,皮薄。肉稍脆,多汁,味香甜。每结果枝 2 个果穗。

(3)栽培要点 易感白腐病,容易裂果,应及时防治。

16. 夏至红

(1)品种来源 别名中葡 2 号,由中国农业科学院郑州果树研究所育成,亲本为绯红与玫瑰香,2009 年通过河南省审定。

(2)主要特性 早熟品种,在郑州地区 7 月 10 日左右成熟,丰产性好。果穗圆锥形,无副穗,平均单穗重 650 克,最大可达 1 300克以上,果粒着生较为紧密,果穗大小整齐。果粒圆形,红色,充分成熟时为紫红色,成熟较为一致。单粒重 8.5 克左右,皮中等厚,肉脆,硬度适中。植株生长势中庸。

（3）栽培要点　成熟期应控制肥水供应,防止裂果现象发生。

17. 超　宝

（1）品种来源　中国农业科院郑州果树研究所种质资源圃通过杂交育成。亲本为 11-39 和葡萄园皇后,原名 91-3-19,2006 年通过省级品种审定。

（2）主要特性　早熟品种,在郑州地区果实 7 月 10 日左右成熟。花芽分化、丰产性、稳产性良好。果穗圆锥形,果穗较小,平均单穗重 350 克。果粒着生较为紧密,果皮黄绿色,较薄,单粒重 5 克左右。果肉较硬脆,品质在早熟品种中较为突出,有玫瑰香味,无酸味,口感好。当年定植生长势弱,随着树龄增长,其长势中等。果实直接接受光照时易日灼。

（3）栽培要点　生产上应重点围绕提高产量、增大果穗、增大果粒、防止日灼而开展管理。

（二）中熟品种

1. 里扎马特

（1）品种来源　别名玫瑰牛奶。原产自前苏联,由可口甘与巴尔干斯基杂交育成,目前在我国各地均有栽培。

（2）主要特性　在华北地区果实 8 月中旬成熟。果穗圆锥形,特大,松紧适度,平均单穗重 850 克,穗形美观。果粒长椭圆形,平均单粒重 12 克,果实红色,果皮薄,成熟后果实鲜红色至紫红色,外观十分艳丽,肉质较脆,清香味甜,果肉中有一条明显的白色维管束,风味偏淡。采收后果实不耐贮运。树势旺盛,节间较长,果枝率 45％左右,单个果枝平均花序数 1.1 个,副梢结果能力较弱,产量中等。

（3）栽培要点　管理不善时,容易出现大小年及果实着色不良,应及时进行果穗整形和疏果。因生长势较旺,应适当稀植,采用棚架或双十字"V"形架效果较好。生产上应加强管理,促进花芽分化。适合在城市郊区种植,就近销售。

2. 玫瑰香

(1)品种来源 原产自英国,由黑汉与白玫瑰香杂交育成。在我国有 100 多年栽培历史。

(2)主要特性 果穗中等大小,平均单穗重 350 克。果粒着生中等紧密,平均单粒重 4.5 克,果皮黑紫色或紫红色,果粉较厚,品质极佳,有浓郁的玫瑰香味,香甜可口。每果粒含种子 1～3 粒,以 2 粒居多。结果能力极强,平均每结果枝着生 1.5 个花序,5～7 节结实率最高。副梢结实力较强。玫瑰香适应性较强,抗寒性强,易感染黑痘病、霜霉病及水罐子病。

(3)栽培要点 目前生产上使用的玫瑰香退化现象较为严重,应注意提纯复壮。合理负载、增施钾肥、防治水罐子病。开花前要及时摘心,促进果穗整齐、果粒大小一致,提高果实商品性。

3. 牛 奶

(1)品种来源 原产自我国,为我国原产的优良品种之一。现仍为河北省宣化、怀来的主栽品种,在华北、西北等地均有栽培。

(2)主要特性 平均单穗重 350 克,最大可达 1 400 克以上。果粒着生中等紧密,果粒长圆形,单粒重 6 克左右,果皮黄绿色,皮薄,每果粒含种子 1～3 粒。树势强,每结果枝平均有花序 1.1 个左右。耐寒性差,抗病力弱,易感染黑痘病、白腐病和霜霉病。果实成熟期如雨水过多会出现裂果现象。

(3)栽培要点 因生长势较强,宜采用棚架栽培。果皮较薄,果面容易形成褐色斑,不耐贮运,宜在城市郊区种植。

4. 金手指

(1)品种来源 欧美杂种,日本原田富通过杂交育成,1997 年引入我国。

(2)主要特性 果穗圆锥形,果穗中等大小,果粒着生中等紧密,果实不耐贮运。果粒近似指形,中间粗两头细,单粒重 6 克左右,果皮黄绿色至金黄色,果皮薄而韧,果实脆、极甜、风味极佳。但花芽分化较差,产量偏低,果粒偏小,不耐运输,容易感染果实白腐病。可在高消费地区种植,作为观光采摘或就近销售,因其具有优异的商品性状,可适当提高销售价格。

(3)栽培要点　栽培的主要目标是提高花芽分化、促进坐果。架式要适当平缓或水平,夏季适时摘心、去副梢,并连续进行,氮、磷、钾肥配合施用,不偏施氮肥,以控制营养生长、利于花芽分化。果实采收后,做好叶片霜霉病的防治等工作,保护叶片、防治叶片提前落叶。

(三)晚熟品种

1. 红 地 球

(1)品种来源　别名红提、大红球、晚红。美国加州采用多亲本、多次杂交育成,1986 年引入我国,目前全国各地均有栽培,是目前我国晚熟主栽品种。

(2)主要特性　果穗长圆锥形,极大,果穗松散适度,平均单穗重 600 克。果粒圆形或卵圆形,果粒着生紧密,果刷拉力大,不落粒,单粒重 12～14 克,果皮中等厚,鲜红色或暗紫红色,果粉明显。树势较强,幼树易形成花芽,结果枝率 70％左右,每果枝平均着生果穗 1.3 个,果实易着色、不裂果、不脱粒,果梗抗拉力强,极耐贮运。新梢贪长,当年新梢不易成熟。抗寒抗病力差,尤其容易感染黑痘病、霜霉病、白腐病等,容易发生日灼病。基部叶片不易黄化。花芽分化较差,产量不够稳定。口感较淡。综合性状优良,是我国目前的晚熟主栽品种。

(3)栽培要点　根系较浅,对土壤肥水管理要求较高。幼树生长较旺,适宜小棚架或"V"形架栽培。因新梢贪长,中后期应适时摘心,并控制氮肥,增施磷、钾肥。果实快速膨大期注意采取田间

19

灌水等措施,防果实日灼病发生。

2. 圣诞玫瑰

(1)品种来源 别名秋红、圣诞红。原产自美国,1987年引入我国,目前在各地均有栽培。

(2)主要特性 果穗大,长椭圆形,单穗重800克左右,松紧适度。单粒重8克左右,长椭圆形、紫红色,果皮中等厚,果实品质十分优良,甜中略有酸味,在晚熟品种中具有突出位置。花芽分化良好,且连年丰产。但植株抗寒性极差。结果枝率78%左右,每结果枝平均有花序1.4个。副梢结实力中等。极为晚熟,成熟期比红地球晚。

(3)栽培要点 严格控制负载,注意疏花疏果。防治冻害应成为我国中部地区种植该品种的第一要务,寒流到来时,要采取田间灌水等措施,注意冻害防治,并加强夏季管理,促进枝条充实,增强对低温的抵抗能力。

3. 魏 可

(1)品种来源 别名温克。日本山梨县用Kubel Muscat与甲斐露杂交而成,1999年引入我国。

(2)主要特性 果穗圆锥形,较大,平均单穗重450克,果穗大小整齐,果粒着生较松。果粒卵圆形,果皮紫红色至紫黑色,果粒较大,单粒重8~10克,有小青粒现象,品质优良,风味好,在南方种植面积较大。植株生长势较强,结果枝率85%左右,每果枝平均1.5个果穗。花芽分化好,丰产性好,抗病性强。果实成熟后可挂在树上延迟采收,极晚熟。耐贮运。但有时果实着色较差,果实易患日灼病,易感染白腐病。可作为晚熟主栽品种的搭配品种,也可以作为晚熟主栽品种。

(3)栽培要点 花芽形成较为容易,生产上要注意合理负载,及时去除小青粒。果实在成熟期水分供应不均匀时,容易形成裂果,应加以注意。栽培上要注意采取措施促进着色。

20

4. 摩尔多瓦

(1)品种来源 由摩尔多瓦葡萄育种家通过杂交选育出的晚熟抗病品种,1997年引入我国。

(2)主要特性 果穗圆锥形,果粒着生中等紧密,平均单穗重650克。平均单粒重9克,果皮蓝黑色,着色一致,无香味,每果粒含种子2粒,品质上等。枝条生长旺盛,年生长量可达3~4米,1年生枝条成熟度较好。丰产性强,每果枝平均1.65个果穗。晚熟品种。果实容易上色,且上色均匀。高抗霜霉病,果实耐贮运性好。

(3)栽培要点 由于其高抗霜霉病、果穗外观美丽、晚熟等,特别适合做观光栽培和长廊使用。

5. 秋 黑

(1)品种来源 别名美国黑提。原产自美国,1988年引入我国,目前在我国多处地区均有栽培。

(2)主要特性 果穗较大,长椭圆形,平均单穗重700克,果实着生紧密。果粒大,长椭圆形或鸡心形,果皮蓝黑色,平均单粒重9克,果皮厚,果粉较多,果肉脆而硬,每果粒含种子2~3粒。植株生长势较强,每结果枝有花序1.5个,产量高。

(3)栽培要点 秋黑幼叶对石灰较为敏感,喷波尔多液时应适当降低石灰的比例。在华北及西北地区可以适当发展。

6. 瑞必尔

(1)品种特性 别名利比亚、阿芳。原产自美国,1974年引入郑州,目前各地均有栽培。

(2)主要特性 果穗中等大小,圆锥形或带副穗,单穗重500克左右,果实着生中等紧密。果粒较大,紫黑色或紫红色,单粒重7~8克,果皮厚,果粉明显。每粒果含种子2~3粒。丰产性极好。抗病、抗寒性强,耐贮运,果实有时容易产生大小粒。

(3)栽培要点 生产上应注意施肥管理,防治大小粒现象发生。

7. 意大利(黄)

(1)品种来源　原产自意大利,以比肯和玫瑰香杂交而成。1955 年由匈牙利引入我国。

(2)主要特性　果穗大,平均单穗重 830 克,果粒着生中等紧密。果粒较大,平均单粒重 7 克,椭圆形。果皮黄绿色,果粉中等厚,有玫瑰香味,品质极为上等。每果粒含种子 1～3 粒,种子与果肉容易分离。每果枝平均 1.3 个花序,果实成熟期一致。耐贮运性好。较抗白腐病、黑痘病,但易感染霜霉病和白粉病。

(3)栽培要点　该品种为世界性的优良品种,应注意果穗整形,防止果穗过大,影响美观。适合在积温较高的干旱、半干旱地区栽培。

8. 美人指

(1)品种来源　别名红指、红脂等,由日本植原葡萄研究所育成。1991 年从日本引入我国。

(2)主要特性　果穗圆锥形,花芽分化好的果园单穗重 1 000 克左右,花芽分化差的果园单穗重 300 克以下。果穗较为紧密,果实不耐贮运。果粒长椭圆形,似小手指,果粒大小差异较大,单粒重 9～11 克,最大可以达到 20 克以上。着色过程中果实可以增重一半左右,果实鲜红色,粒尖先着色并逐渐全红。因果粒所在的位置不同,果实含糖量差异较大,果穗上部的果粒较果穗下部的糖度高。成熟期突然降雨会产生部分裂果。果实极易患日灼病,是最易患日灼病的品种之一。生长势极强,节间长。抗病性弱,易感染白腐病。

(3)栽培要点　控制树势,可选择双十字"V"形架,注意及时摘心,促进花芽分化。注意对日灼病的防治,采取棚架、"V"形架等,快速膨大期注意田间灌水。

9. 红罗莎里奥

(1)品种来源　日本植原葡萄研究所通过杂交育成。1999 年从日本引入我国。

(2)主要特性　花芽分化良好,丰产性好。果穗圆锥形,单穗重 600～800 克,果粒着生较为紧密。果实椭圆形,粉红色,平均单粒重 8 克,果皮薄,果实较脆,富有香味,口感佳。贮运过程中有轻度落粒。

(3)栽培要点　可作为晚熟品种的搭配品种使用。栽培时,重点做好增大果粒、促进着色、防治白腐病的工作。

10. 黑大粒

(1)品种来源　美国品种,亲本为分红葡萄和 Ribire。

(2)主要特性　果穗圆锥形,极易产生无核小粒果,果穗较大,单穗重 500～600 克。果粒长椭圆形,单粒重 8 克左右,果皮紫黑色,果粉厚。有裂果现象。生长势较强。花芽分化良好,丰产性好。抗病性较弱,酸腐病较为严重。

(3)栽培要点　容易产生较多的无核小果,南方、东方地区应慎重选用。其他地区种植时,也要注意防止出现较多的无核小果。

二、欧美杂交种

(一)早熟品种

1. 京　亚

(1)品种来源　巨峰系第二代品种,四倍体,中国科学院植物研究所北京植物园从黑奥林实生苗中选育,1990 年选出,为纪念亚运会而取名京亚。

(2)主要特性　早熟品种,花芽分化好,丰产性好。果穗圆柱形,有副穗,单穗重 400～600 克,最大达 1 000 克以上。果粒着生中等紧密,较耐贮运。南方肥水充足的果园坐果能力较差,果穗较为松散。果粒椭圆形,单粒重 9～10 克,着色正常,果皮蓝黑色,果

23

粉厚。植株生长势偏弱,抗性较强。

(3)栽培要点 生长势偏弱,推荐使用嫁接苗栽培,自根苗栽培者应注意增施肥料,并加强水肥管理。该品种上色早,过早采收口味偏酸,生产中应注意要充分成熟后采收。生产中应将其作为中早熟品种对待,这样才能更好地体现其优良性状。

2. 京 优

(1)品种来源 欧美杂种,巨峰系第二代品种,四倍体。中国科学院植物研究所北京植物园从黑奥林实生苗中选育,1994年通过鉴定,京亚的姊妹系。

(2)主要特性 果穗圆锥形,带副穗,单穗重500~600克。果粒着生中等紧密,较耐贮运。有小粒果现象。果粒椭圆形,单粒重9~10克,果实着色较慢、较差,果皮紫红色。微具草莓香味,特甜,口感极佳。生长势较强,果穗易感染炭疽病。花芽分化较好,丰产性强。

(3)栽培要点 无核小粒较多,生产上应采取措施加以克服。

3. 红双味

(1)品种来源 山东省酿酒葡萄研究所通过杂交育成。亲本为葡萄园皇后与红香蕉。果实兼具玫瑰香和香蕉2种口味,故定名为红双味。

(2)主要特性 果穗圆锥形,带副穗,单穗重350~400克,果粒着生中等紧密。果粒椭圆形,平均单粒重5克,对植物生长调节剂不敏感。果皮紫红色,生长势偏弱,花芽分化良好,副梢结实力强,丰产性好。抗病性较强。

(3)栽培要点 增强树势,增大果粒。

(二)中熟品种

1. 巨 峰

(1)品种来源 日本大井上康通过杂交选育而成。

24

（2）主要特性　果穗圆锥形，带副穗，单穗重 400 克左右。果粒着生中等紧密，果粒椭圆形，单粒重 8～10 克。果实紫黑色，果粉厚，果皮有涩味，果肉较软，味甜有草莓香味，花芽分化良好，落花落果严重。抗病能力较强，果实综合性状良好，是目前栽培面积最大的品种。

（3）栽培要点　巨峰品种主要存在两大问题：一是坐果率较低，落花严重；二是果穗上大小粒严重。造成大小粒现象的原因很多，如遗传因素、受精时间过长、树势过旺等。开花前应控制氮肥的过量使用，通过摘心控制营养生长，开花前要注意对花序的修整。

2. 巨玫瑰

（1）品种来源　欧美杂种，四倍体。由辽宁省大连市农科院通过杂交选育而成，亲本为沈阳玫瑰和巨峰，2000 年定名。

（2）主要特性　果穗圆锥形，带副穗，单穗重 500～600 克，坐果好，果粒着生中等紧密。果粒椭圆形，单粒重 8～9 克，果皮紫红色，充分成熟时为紫黑色。果皮中等厚，果肉偏软，果实甜香、口感佳，具有玫瑰香味，是品质优异的中熟品种之一。花芽分化良好，丰产稳产。植株生长势较强，较抗灰霉病、穗轴褐枯病等。果实不耐贮运，基部叶片容易提前黄化，脱落。产量较高时着色不均匀。

（3）栽培要点　栽培上应以增大果粒、防治基部叶片提前黄化等为目标。基肥施用要以鸡粪、羊粪等为主，选用对叶片黄化有一定治疗作用的叶面肥，如台湾产的海绿肥，于开花前喷洒效果良好。严格控制产量。

3. 醉金香

（1）品种来源　别名茉莉香。原产自我国。由辽宁省农业科学院园艺研究所通过杂交选育而成，亲本为沈阳玫瑰和巨峰，中早熟品种。

（2）主要特性　果穗圆锥形，无副穗，单穗重 400～500 克，落果较为严重，果粒着生较松散，成熟果实在树上可挂 2 个月不掉粒。果实卵圆形,单粒重 10 克左右,果粒大小不均匀。果皮黄绿色,充分成熟时为金黄色,果皮质地偏软,口感极佳,有玫瑰香味,在品质方面是目前我国葡萄品种中的佼佼者。无核化栽培时,能改变果实性状,果粒大小均匀,果实变硬,但易产生僵果、容易落粒。花芽分化较好,丰产稳产。耐贮运性中等。生长势中偏强,果实易患日灼病。

(3)栽培要点 本品种可作为主栽品种的搭配品种使用,以观光采摘为目的时,也可以作为主栽品种。无核栽培时,花序及果穗处理 3 次。采用的配方有 2 种:一是"A、B、C"配方,该配方优点是果实外观美丽,市场有竞争力,单粒重 10～11 克,但如果技术不到位,将会导致僵果,降低商品性,极易落粒;另一个配方是常规配方,即采用赤霉素拉长花序,花期无核化处理,膨大期增大果粒。该配方的优点是栽培较为容易,不易产生僵果,但果粒近圆形,单粒重 10 克左右,果穗外观差于前者。

4. 藤 稔

(1)品种来源 巨峰系第三代品种,四倍体,别名金藤、紫藤、乒乓葡萄。日本青木一直通过杂交选育而成。亲本为红蜜和先锋。1986 年引入我国。

(2)主要特性 果穗圆锥形,带副穗,平均单穗重 500 克,用植物生长调节剂处理后可达 700～800 克,坐果较好。果粒中等紧密。果粒椭圆形,平均单粒重 12 克,比巨峰大。对植物生长调节剂敏感,处理后果粒明显增大,有时甚至增大 1 倍以上。扦插苗生长势较弱。耐贮运性中等。花芽分化好,丰产、稳产性特好。果实容易裂果,果实先降酸后着色增糖,提前采收易造成糖度偏低、口感偏淡。

(3)栽培要点 生长势偏弱,宜采用 SO_4、5BB 等砧木嫁接。因其较好的综合性状和容易管理,在各地可适当发展,尤其是以供应农村市场为主时。本品种可用来生产超大果粒,使单粒重达到

20 克左右。可通过控制产量、果穗整理、植物生长调节剂处理等方法达到大果粒。果粒越大时越容易裂果,生产上应加以注意。

5. 翠 峰

(1)品种来源　巨峰系第二代品种,四倍体。日本福冈县农业综合试验场园艺所通过杂交选育而成,亲本为先锋和森田尼。

(2)主要特性　果穗圆柱形,单穗重 500 克左右,果实着生紧密,较耐贮运。无核处理时,单穗重 800～1 000 克,着粒紧密。果粒卵圆形,平均单粒重 12 克,无核处理时可达 13～15 克,超大果栽培时可达 16～18 克。果皮黄绿色或黄白色,果肉较为硬脆、甜、口感好,不易裂果。生长势较强,易感染白腐病,果实易患日灼病。花芽分化良好,丰产稳产,适宜无核化栽培。普通栽培时,果粒大小不均匀。

(3)栽培要点　本品种适合无核栽培。无核栽培时,果粒增大、果粒大小均匀、提高商品性。无核栽培的目标为增大果粒和防止果实日灼。主要技术为开花前 15 天左右,用 5 毫克/升赤霉素拉长花序,可减少疏果用工量;盛花末期用 25 毫克/升赤霉素浸蘸花序,无核率可达到 97％以上;盛花末期处理 2 周后进行果实膨大处理,增大果粒。

(三)晚熟品种

大 宝

(1)品种来源　欧美杂交种。日本品种,1973 年引入我国。

(2)主要特性　果穗较大,平均单穗重 410 克,圆柱形或圆锥形,果粒着生紧密。果粒较大,平均单粒重 9.5 克,椭圆形,果皮中等厚,紫红色。有草莓香味,味酸甜,品质上等。每果粒有种子 2～3 粒,结果率高,平均结果枝率 78％,每果枝平均有花序 1.45 个,副梢结实力强,结果早、产量高。在陕西关中地区,8 月 15 日果实开始着色,9 月下旬完全成熟。

(3)栽培要点 栽培中注意控制负载量,促进着色和品质提高。该品种在我国中东部地区红地球种植效果不佳的地方可以适当发展。

三、无核品种

(一)早熟品种

1. 夏 黑

(1)品种来源 巨峰系第一代品种,3倍体,别名黑夏、夏黑无核。日本山梨县果树试验场通过杂交选育而成。亲本为巨峰和无核白。

(2)主要特性 果穗圆锥形,有双歧肩,不经植物生长调节剂处理时单粒重2克左右、落果极为严重、无商品价值。经植物生长调节剂处理后单穗重500克左右,果粒着生紧密。耐贮运性较差,贮运过程易落粒。果粒近圆形,经植物生长调节剂处理后的单粒重可达7克左右。优质控产栽培时着生好、果皮紫黑色或蓝黑色,果皮较厚,果粉厚。果肉较脆,味浓甜,口感佳,有轻度环裂。生长势强,生产上一般不需要嫁接栽培。该品种花芽分化良好,丰产稳产。超量结果时,成熟期会明显推迟,并严重影响花芽分化,出现明显的大小年现象。

(3)栽培要点 严格控制产量,产量高低与成熟期、含糖量、果实着色、花芽分化关系密切。

2. 8611

(1)品种来源 别名无核早红。河北省昌黎用郑州早红与巨峰杂交培育的3倍体无核品种,是8612的姊妹系品种。

(2)主要特性 果穗中等大,圆锥形,平均单穗重290克,平均单粒重4.5克。经赤霉素处理后单粒重可达9.7克,最大可达

19.3克,果穗平均重650克。果粒着生中等紧密,果皮粉红色或紫红色,果粒着色均匀一致,色泽鲜艳,风味稍淡。生长势较强,结果枝率高。每结果枝平均着生果穗2个,副芽和副梢结果力较强,丰产性好于8612。

(3)栽培要点 适宜设施栽培,由于风味偏淡,不疏果穗、果粒时会造成产量过高,应注意适当控制产量,增施有机肥、磷钾肥。采用赤霉素处理是8611栽培中的一项关键措施。

3. 早熟红无核

(1)品种来源 别名火焰无核、红光无核、早熟大粒红无核等。美国Freson园艺站选育,多亲本杂交育成,中国农业科学院郑州果树研究所1983年引入我国。

(2)主要特性 果穗圆锥形,果穗较大,一般单穗重400~600克,经植物生长调节剂处理可达600~800克,最大可达1500克以上。果粒着生紧密,较耐贮运。果粒圆形,自然单粒重3克左右,偏小,经膨大处理后可达5克,轻度裂果。花芽分化良好,丰产性强。口感极佳。

(3)栽培要点 因果粒较小,可进行膨大处理以弥补该品种的缺点,处理时间在盛花末期后2周左右。

(二)中熟品种

1. 无 核 白

(1)品种来源 别名无籽露、美国青提、汤普逊无核。原产自中亚细亚,为我国新疆地区鲜食、制干主栽品种。在甘肃、内蒙古等地也有栽培。

(2)主要特性 果穗大,平均单穗重337克,双歧肩圆锥形,果粒着生紧密或中等紧密。果粒较小,在自然状况下平均单粒重1.64克,椭圆形,黄白色,果粉中等厚,皮薄脆。果肉浅绿色,无香味,品质优良。果实出干率20%~30%。树势强,结实率高,每果枝平均着生 1.1 个花序,副梢结实力强,果实成熟期一致。

(3)栽培要点 是优良的制干兼鲜食品种,因果粒过小,在鲜食生产时,应用赤霉素处理果粒,该品种适宜在西北地区发展。

2. 森田尼无核

(1)品种来源 又名无核白鸡心、世纪无核。原产自美国,1966 年由美国加利福尼亚州立大学育成,1987 年引入我国,目前在各地均有栽培。

(2)主要特性 果穗大,长椭圆形,平均单穗重 620 克,果实着生中等紧密,果粒中等大小,绿黄色或金黄色,自然条件下单粒重 4.5 克,经赤霉素处理后可达 8 克以上,果皮薄而韧,果肉脆、硬,甜中有酸,风味佳。植株生长势强,结果枝率 52%,每结果枝平均有花序 1.2 个,产量较高。在郑州地区 7 月中下旬充分成熟,为中熟偏早品种。

(3)栽培要点 生长势较强,在我国中部地区常出现花芽分化不良、产量不稳的现象,要从增施有机肥、夏季及时反复摘心、控制氮肥使用等方面加强管理,促进花芽良好分化。用植物生长调节剂处理时,应注意考虑到本品种自然果粒不是太小,用赤霉素适当处理即可达到较好效果,应适当控制吡效隆的使用量,以防止品质明显下降、成熟期明显推迟。

3. 莫利莎无核

(1)品种来源 美国品种,欧亚种,1990 年引入我国。

(2)主要特性 果穗圆锥形,有歧肩,果粒较大,平均单粒重 5.5 克,果粒着生中等紧密,果皮黄绿色,充分成熟时金黄色,长椭圆形,味甜,有玫瑰香味,品质十分优良。果实较耐贮运。植株生长旺盛,结果枝着生于结果母枝第三节以上。

(3)栽培要点 花序、果实对赤霉素处理较为敏感,适当的植物生长调节剂量处理即可达到增大果粒的目的,在增大果粒的同时为减少对品质的过分影响,CPPU 的使用浓度不可超过 5 毫克/

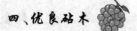

升。本品种可以作为城市郊区、高消费地区生产优质葡萄的重要品种,观光采摘园选用效果更佳。

(三)晚熟品种

红宝石无核

(1)品种来源 又名大粒红无核、鲁比无核、鲁贝无核等。美国品种,1987 年引入我国。目前在山东、河北等地栽培面积较大。

(2)主要特性 果穗大,一般单穗重 850 克,最大可达 1 500克以上,果穗圆锥形,有歧肩,穗形紧凑。果粒较大,卵圆形,自然状态下平均单粒重 4.2 克,果粒大小整齐一致。对植物生长调节剂处理不太敏感,经处理后果粒达 5 克左右。果皮红紫色,果皮薄,风味佳。生长势较强,每结果枝平均着生花序 1.5 个,丰产性好,定植后翌年即可获得较高产量。较耐贮运。果粒偏小,成熟期遇雨水容易产生一定量的裂果,大果穗的中部容易产生烂果。是优良的晚熟无核品种,适宜一定面积发展。

(3)栽培要点 栽培时把增大果粒作为重要工作。因其对植物生长调节剂不敏感,丰产性好,果穗较大等优良特性,应通过增施有机肥料、适当限制产量等增大果粒。生产上可采取适当疏除花序、花序整理、疏除果粒等方法。

四、优良砧木

(一)贝 达

1. 品种来源 别名贝特,原产自美国,为美洲葡萄与河岸葡萄的杂交后代。目前在东北及华北北部地区作为抗寒砧木使用。

2. 主要特性 早熟品种,植株生长势极强,枝条扦插容易生根,与欧洲品种或欧美杂种嫁接亲和力良好。抗病、抗湿力强,极为抗寒,在华北地区不埋土即可安全越冬。

3. 栽培要点　作为鲜食品种砧木时,有明显的"小脚"现象,对根癌病抗性较弱。在南方,该品种作为抗湿砧木有良好的使用价值。

(二)SO₄

1. 品种来源　德国从冬葡萄和河岸葡萄杂交后代中选育出的葡萄砧木品种,我国由法国引入。

2. 主要特性　本品种是抗根瘤蚜和抗线虫的砧木,耐盐碱,抗旱、耐湿性显著,生长旺盛,扦插易生根,并与大部分葡萄品种嫁接亲和力良好。其嫁接苗生长旺盛,结果早、产量高,嫁接品种成熟期略有提前现象。但作为欧美杂种4倍体品种的砧木时有"小脚"现象。

3. 栽培要点　以本品种作砧木的嫁接苗可在根瘤蚜、线虫严重的地区使用。也可用于生长势弱的品种或在瘠薄的地块选用。其嫁接苗适宜在我国中南部地区使用。

(三)5BB

1. 品种来源　法国从冬葡萄与河岸葡萄的自然杂交后代中经多年选育而成的葡萄砧木品种,我国由美国引入。

2. 主要特性　抗根瘤蚜,抗线虫,耐石灰性土壤。植株生长势旺盛,扦插易生根,嫁接成活率高。有明显的抗旱、抗根结线虫、生长量大的特点。

3. 栽培要点　与部分品种嫁接有不亲和现象,抗湿、抗涝性较弱。

五、葡萄品种选择的原则与方法

选择适宜当地的优良品种是果农获得理想收益的根本保障。在选择品种时,由于对葡萄生产及发展缺乏综合理解,常常表现得很盲从,尤其是受到苗木销售者的误导,种植的不是最适宜当地具体情况的品种,给生产带来不应有的损失。

如何根据当地具体情况选择品种,这是葡萄生产获得良好收益的根本问题。具体来说,选择葡萄品种应注意以下几方面问题。

(一)根据栽培地区选择品种

1. 对抗寒性的要求 在我国,习惯以河南安阳与河北邯郸交接点为界,划一条东北西南方向的直线,此线以北为葡萄埋土防寒区,以南为非埋土防寒区。其理论依据是发育正常的葡萄枝条可耐 $-15℃$~$-17℃$ 的低温,低于这一低温限度,葡萄枝条就有被冻死的危险。基于这样的划分,在北方,冬季采用埋土防寒可使葡萄植株顺利度过冬季严寒;在南方,由于冬季温度不是十分寒冷,即使植株不埋土仍可以安全度过冬季。生产上,我们常常发现处于埋土和非埋土过渡带葡萄树的地上部分在冬季或秋末春初常被冻伤或冻死,我国中部的部分地区基本上每隔 5~10 年即出现一次严重的冻害。处于此地区的种植者如果不采取埋土防寒措施,应注意选用抗寒品种,巨峰系等欧美种抗寒性通常强于欧亚品种,早熟品种通常强于晚熟品种。在常见的栽培品种中,巨峰、藤稔、摩尔多瓦等品种抗寒性较强,而圣诞玫瑰、红地球、美人指等品种抗寒性较差。

2. 对抗病性的要求 在我国长江以南的大部分地区,由于夏季雨水偏多,被划分为葡萄避雨栽培区。因为雨水较多时,葡萄病害发生较严重,采取避雨栽培,才会大幅度降低病害发生,确保葡萄种植成功。在该地区如不采用避雨栽培,建议选用巨峰系品种(如巨峰、京亚、藤稔等)或其他高抗病品种(如摩尔多瓦等),以减轻病害造成的损失。在我国中部地区,从葡萄病害的防治角度来说,以早熟品种表现较好,而晚熟品种因病害严重等问题而时常表现欠佳。

3. 对生长势的要求 我们常常发现,同一葡萄品种在西部干旱少雨地区生长势较弱,而在中南部雨水较多的地区却生长旺盛,原因是不同的气候条件影响品种特性的发挥。如克瑞森无核、森田尼无核等生长势旺的品种,在甘肃、新疆等干旱少雨的西部地区,生长势可得到有效的控制,生产表现良好。而在我国中部、南部地区,常常因为生长势太旺而影响花芽分化,造成产量、质量偏低而被淘汰。因此,我们在选择品种时,要结合所在地区的气候条件进行,西部干旱少雨地区可以选择生长势较强一点的品种,如克瑞森、森田尼无核等,而中南部雨水较多地区可选生长势中庸或偏弱的品种。

4. 不同土壤条件对砧木的要求 生产上常用的葡萄苗木一般有自根苗与嫁接苗 2 种,葡萄苗木嫁接的主要目的是提高品种对不良环境的适应性。土壤条件不同,要求选择不同的砧木,生产上常用的一些砧木均具有较好的适应性。如 SO_4 耐石灰质土壤、抗湿性强、耐盐碱性好,抗根瘤蚜、抗根结线虫、高抗根癌病;贝达根系发达,抗寒性、抗旱性、抗湿性、抗病性均较强;5BB 极抗根瘤蚜、抗根结线虫,耐旱和耐石灰质土壤能力较强。因此,生产上要根据不同的土壤条件有针对性地选择砧木。

目前,多数专用葡萄砧木嫁接后除提高植株抗逆性外,植株的生长势也会有明显提高,这对生长势偏弱的品种,在干旱地区使用较为重要。对生长势较强的品种,为降低生长势,促进树势中庸、改善结果性状,时常采取一些浅根性的品种进行嫁接。如森田尼无核采用巨峰作为砧木,可降低长势,有利于花芽分化、提高产量。

（二）根据栽培方式选择品种

1. 保护地促早栽培的品种选择 保护地促早栽培，由于特有的环境条件，品种应选择需冷量低、耐弱光、花芽容易形成、坐果率高、散射光着色良好、果实生长发育期短的早熟、极早熟品种。满足这一条件的优良品种有夏黑无核、维多利亚、早黑宝、87-1、京蜜、瑞都香玉、矢富罗莎等。基本满足上述条件的优良品种有乍娜、香妃、无核白鸡心、奥古斯特、郑州早玉、夏至红、红双味、8612等。但在早熟品种大面积栽培地区，也可适当选择一些有特色的、优质丰产的中熟偏早品种。

设施栽培品种选择的一个重要依据，是设施条件下的葡萄果实成熟期应明显早于当地露地条件下的早熟品种，在较大面积的早熟促早栽培中，应优先选用红色品种，绿色品种因其从外观颜色难以鉴定其成熟度，市场上常常出现以次充好的现象，而降低消费者的购买欲望。

2. 延迟栽培的品种选择 延迟栽培是指利用晚熟品种在设施栽培条件下，采取措施推迟发育期，以延迟果实采收，使之在较为寒冷季节成熟，获得较高经济效益的一种新兴的栽培方式。这种栽培模式下，可选择晚熟、极晚熟的优良品种，如红地球、圣诞玫瑰、秋黑、红宝石无核、红意大利等。

3. 避雨栽培的品种选择 避雨栽培由于采取了避雨措施，植株基本不与外界雨水直接接触，其生长发育的环境得到改善，可减轻甚至避免水传病害的发生。在葡萄生产中，常发现一些优质品种具有明显的裂果倾向（如香妃、郑州早玉等），在避雨栽培条件下，水分能达到有计划地供应，裂果会大为减轻甚至避免，其品质优异的特点即可得到充分发挥，产品供应高端市场，获得较高的经济收益。一些在露地情况下不易种植成功的、有突出特色的品种（如美人指等）可成功种植。避雨栽培也应加强田间排水设施的建设,避免田间积水对葡萄产生不良影响,不仅使地上部分雨水得到控制,地下水分也基本达到有计划地供应,使品种选择不再受到地域等条件的限制,可依据需要生产出优质高档葡萄。

(三)根据销售目标选择品种

1. 以农村人群为销售目标的品种选择 我国是农业大国,农村人口占总人口的大多数,是一个巨大的消费市场。尤其是近些年来农村面貌得到了较大的改善,农民的购买力得到很大提高。如果将来把葡萄销售到农村市场,就要针对农村的具体情况选择品种,可采取产量优先的策略,建议将丰产性放在优先位置,同时兼顾优质、便于管理、抗病性强的特性,满足这些条件的早熟品种如维多利亚、京亚、8611、粉红亚都蜜、87-1、奥古斯特等;中熟品种如巨峰、藤稔、摩尔多瓦、瑞必尔、里查马特等;晚熟品种如圣诞玫瑰、红宝石无核、红地球等。

2. 以富裕人群和采摘观光为销售目标的品种选择 以供应富裕人群为目标时,品种选择应以优质高效为生产目标,优先发展品质优异的品种,兼顾丰产性及其他性状。早熟品种如香妃、夏黑、京蜜等;中熟品种如醉金香、巨玫瑰、玫瑰香等;晚熟优质品种如魏可、意大利(黄)、圣诞玫瑰等。早熟品种作为中熟品种进行栽培,中熟品种作为晚熟品种栽培,以推迟采摘是保证果品优质的重要举措,在有些地区也得到广泛应用。以观光采摘为目标时,还要注意适当选用果实外观奇特的品种,以满足部分旅游者的猎奇心理,如美人指、紫地球、红地球、藤稔等。为满足不同类型消费者的需求,品种选择尽可能要丰富一些,红色、黑色、绿色品种搭配,早、中、晚熟搭配,无核与普通品种搭配。注意选择一些带有香味的品种,种植时也可以将品种按香味特征区分种植,以体现出种植者的欣赏水平,更好地满足消费者的需求。如具有玫瑰香味的品种有香妃、巨玫瑰、醉金香、玫瑰香等;具有草莓香味的品种有巨峰系品种等。

（四）根据栽培面积选择品种

栽培面积也是影响品种选择的重要原因。中熟品种巨峰在我国的种植面积处于绝对优势地位,据统计,目前占我国葡萄栽培面积的 50% 左右。排在第二位的是红地球品种,约占总面积的20%。由郑州及周边葡萄果品销售市场可以看出,当夏季早熟品种刚上市时,市场价格比较高,随着上市葡萄数量的不断增加而逐渐降低,直到中熟品种巨峰上市时,葡萄价格基本降到一年中的最便宜的时期,而后又开始回升,至国庆节与中秋节前夕达到一个价格高峰。这一价格规律在全国许多地区均可见到。由于上述的价格规律,所以当葡萄成熟时,早熟品种要及时清园,提早销售以获得较高的收益。而晚熟品种则可以慢慢销售,因为随着时间的推迟价格还可能会不断上升。因此,在葡萄种植面积较大时,要尽可能多的选择晚熟品种,根据具体情况其比例可以掌握在 70%～80% 左右,早熟品种在 20% 左右,中熟品种不种或少种,比例可掌握在 10% 以下。如果种植面积较小,可选择单一的早熟或晚熟品种,以方便管理。当面积较大时,还要兼顾到品种的贮运性能,以吸引中间商采购。

（五）兼顾葡萄产业发展方向

一年栽树,多年受益。葡萄树一旦栽植最少也要生长结果10～20 年,这就要求我们在选择品种时,要兼顾到今后葡萄产业的发展方向,做到所种植的品种今后若干年内不落后。

1. 优质化 葡萄优质栽培是今后葡萄产业发展的方向,这是由消费需求的不断提高决定的。目前,在各地葡萄市场,优质葡萄与一般葡萄存在着明显的差价,在消费水平高的地区表现得更为明显,而且随着时间的推移,这种差距会越来越大。随着人们生活水平的不断提高,人们对葡萄果品质量的要求也越来越严格,不仅要求果品含糖量高,而且要求有一定的香味、外观优美、果穗整齐一致等。基于这样的情况,为获得优质葡萄,除上述推荐的一些优良品种外,建议葡萄种植者也要从生产角度加强管理,包括增施有机肥、限产栽培、果穗修整、果实套袋、成熟期控制水分、适时采收等,使之更好地发挥品种的优质特性。

2. 无核化　无核化是今后葡萄发展方向之一。目前,市场上无核葡萄之所以受到消费者的欢迎,很大程度上是因为这些品种不仅无核、食用方便,而且品质优异。无核葡萄在国际市场上占有重要位置,在智利等一些葡萄种植大国,葡萄主要以无核品种为主。因此,我们从现在起,就要十分重视无核葡萄的发展。目前,大部分无核葡萄品种果粒较小,一般保持在5～6克,有些因为果粒太小(如夏黑无核)而必须进行植物生长调节剂处理才能达到理想的效果,在选择时这一因素应加以考虑。

(六)优良的农艺性状是葡萄品种选择的重要依据

1. 抗性是前提　如果葡萄品种不具备对外界环境的各种抗性,包括抗寒性、抗病性等,在正常栽培条件下会受到很大限制,如在寒冷地区植株只有埋土才能顺利过冬,在南方年降雨量较多的地区,如不采取避雨或其他设施栽培时,只有种植巨峰系等抗病品种才有获得成功的可能性。

2. 产量是基础　在目前我国葡萄栽培中,品种所具有的丰产性能仍是选择的主要参考指标之一。原因包括:一是由于气候条件的限制,在一些地区如不精细管理,可能存在着花芽分化不好而直接影响着种植者的经济收益。二是丰产性好不仅代表着产量优势,也反映出该品种同时具有的其他有关优良性状,如管理方便、省工,即使在粗放管理下仍可获得较高的产量等优势。三是对面向农村市场的葡萄种植者而言,提高产量仍是果农获得高效益的主要途径。

  3. 品质是关键 品质包括外观品质和内在品质。人民生活水平提高后，要求吃"好"，要求农产品无污染（卫生品质高），要求富含营养素（营养品质高），还要求富含具有保健功能的生物活性物质（保健品质高）。购买者的生活水平越高，他们对品质的要求就越迫切。葡萄的保健作用将会被越来越多的人重视，葡萄的品质将会越来越被重视，不同质量标准的葡萄销售价格差距也会逐渐加大。

  葡萄品种的选择是葡萄生产者获得高效益的一项十分重要的基础性工作，应引起葡萄种植者的高度重视。目前，我国栽培的葡萄品种众多，每个品种都有着不同的特性，都有一个最适宜自己生长的地方，即一个适合自己的"家"。从发挥葡萄最佳特性的角度去考虑，我们应该选择最适合当地具体情况的品种，只有这样，品种优良特性才能得到最为充分的发挥。

  每个葡萄品种都有其自己的优点和缺点，世界上没有一个十全十美的品种。因此，我们在进行品种选择时，要综合地、客观地评价，以优质化为根本出发点，优先选择具有优良品质的品种，针对其存在的缺点，通过加强田间管理加以改善，使之变得更为优良。需要指出的是，优良品种只有通过规范化管理，才能发挥最佳的效益。因此，我们在选择优良品种的同时，时刻不要忘记要加强配套管理，只有这样，才会获得良好的经济效益。

第三章 建园定植及整形

一、园地选择

(一)土壤选择

葡萄生长对土壤条件要求不是十分严格,但是沙壤土种植葡萄相对较好。其优点为:一是沙质土壤春季温度回升较快、发芽早,可提早成熟,有利于早熟品种栽培;二是沙质土壤温差大,有利于养分积累而提高果实品质。对于土壤条件不好的地块,要加强对土壤的改良。在黏土地、盐碱地种植葡萄时,种植前对土壤要进行一定程度的改良,这样才能达到良好的效果。

(二)位置选择

葡萄园尽可能选在交通方便的地方,以便于产品外运销售,尤其是以采摘观光为目的时,一定要考虑到顾客的方便性;设施栽培葡萄园应尽可能离公路有一定距离,以避免棚膜沾染尘土,影响葡萄光合作用;要选择排水、灌水条件比较方便的地方,使植株能健康正常地生长发育;要避开有污染的工业园区;对果实日灼病发生严重的品种(如红地球、美人指、黑玫瑰等),尽量不要建立在高墙大院内,无风的环境会加重日灼病的发生;在有一定种植规模的葡萄集中地开展葡萄种植,往往销售会更为容易。距离大中城市消费市场较远的地方,要选择果肉较硬、贮运性较好的品种,以适应

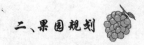

销售的需要。在城市郊区或高消费地区,可以将品种的品质放在第一位来选择。

二、果园规划

(一)道路系统

道路设计应根据果园面积确定。一般来说,园地面积在 2 公顷以上时,应设置大、中、小 3 级路面,大路位置要适中,贯穿全园,与园外相通,以方便运输。中路是小区的分界线,小路是作业道,方便管理。果园内道路设置主要应考虑喷药机械及耕地机械的田间操作。

(二)排灌系统

葡萄园灌溉系统的建立首先要考虑必须有充足的水源。要重视建立浇水设施,保证在葡萄需要水分的时期能及时浇水,并达到有计划的浇水。浇水不仅是干旱时应该采取的一项技术措施,更重要的是浇水可以配合田间施肥,促进果树对肥料的及时充分利用,达到理想的效果;其次,要重视排水设施的建设,无论是在南方还是我国中部地区,葡萄园都要十分重视排水设施的建设,果园水分过多而不能及时排出时,连续多日的积水,不仅会使葡萄根系生长吸收受阻,地上部会表现出一些生理病害而严重影响葡萄的生长发育,而且还会造成植株徒长,严重影响葡萄的花芽分化,直接影响翌年的产量与质量。保持果园相对干燥的土壤环境对果实品质提高、花芽分化等具有非常重要的作用。

三、整 地

(一)葡萄生长发育对土壤条件的要求

1. 土壤孔隙度 土壤是由固体、液体、气体组成的疏松多孔体,土壤固体颗粒之间是空气和水分流通的场所,必须保持一定的孔隙度,才能有利于葡萄根系吸收养分,保证根系正常的生长发育。单位体积土壤的重量(即容重)是反应土壤松紧度、含水量及孔隙状况的综合指标,土壤容重与葡萄根系发育关系密切。一般来说,土壤较为疏松时,根系生长发育良好,根系大量分布。土壤容重较大时,根系生长发育受阻。研究表明,当土壤容重超过1.5克/厘米³时,葡萄根量明显减少。土壤中大小不同的孔隙比例在葡萄生产中有重要意义。沙土土粒粗、孔隙大,透水透气性较好,但保水保肥能力差;黏土地则相反,虽然保水保肥能力好,但透气性、透水性较差,土壤温度不易上升。而壤土居于二者中间,孔隙比例适当,即有良好的透气、透水性,又有良好的保水保肥能力。

2. 土壤结构 土壤结构是指土粒相互黏结成的各种自然团聚体的状况。通常有片状结构、块状结构、柱状结构、团粒结构等,以团粒结构的土壤最为理想。团粒结构的土粒直径以2~3毫米最好。团粒结构的土壤稳定性好、孔隙度好,能协调透水和保肥的关系,土壤中微生物种类多、数量大,有利于土壤有机质的分解,便于养分被作物吸收,有利于葡萄正常生长发育。团粒结构的形成与土壤有机质含量关系密切,增施有机肥有利于团粒结构的形成。

不同的葡萄品种对土壤条件有不同的要求。一般来说,欧美杂种根系较浅,需要较强的土壤肥力,但对于土壤结构要求不严,即使在黏土、重黏土上也能栽培,适合在微酸、微碱及中性土壤种植,对盐碱地则较为敏感,不耐石灰质土壤。而欧亚品种属于深根性,对土壤肥力要求相对没有欧美品种高,但对于土壤结构要求较高。在沙土、沙壤土上表现良好,更适合栽植在石灰性、中性、微碱性土壤上。稳产优质的葡萄园,土壤 pH 一般应为 $6.5\sim7.5$,有机质含量保持在 1.5% 以上。生产上施肥整地等工作都应将改善土壤孔隙度、改善土壤团粒结构当做一项基础性工作引起特别重视,此项工作对葡萄生产来说非常重要。

种植过葡萄的人都会发现,一个优良的品种有时候并没有我们期望的那样表现很好,如花芽分化不好、产量偏低、品质偏差、肥力利用率偏低、各种生理性病害严重等,即使地上部很精细地管理,有时候葡萄植株表现得也不那么令人满意,很大程度上均是由于地下没有管理好。人常说"根深叶茂",葡萄地上生长与地下生长是相互依赖、相互促进的。葡萄栽植后,由于根系在土壤中分布较广,此时如果再进行改良也不方便,因此,应尽可能地在葡萄栽植以前围绕上述目标提前做好整地工作。

(二)施肥整地

在整地之前准备好基肥,基肥建议施用羊粪,羊粪不仅肥料全面、肥力充足,而且能改良土壤结构,对于葡萄品质的提高、花芽分化等非常有利,是葡萄生产首选的肥料之一,每 667 米^2 施 $6\sim8$ 米^3。如没有羊粪,也可以使用"牛粪(或马粪、猪粪)+鸡粪",牛粪疏松,可以改良土壤结构,鸡粪肥力充足,二者结合使用可以达到提高土壤孔隙度、改良土壤结构、增加肥力的综合效果。一般肥力的地块,推荐准备牛粪、鸡粪各 $3\sim4$ 米^3。在施用有机肥的同时,每 667 米^2 应施尿素 10 千克,氮、磷、钾三元复合肥 50 千克。磷肥应掺入有机肥中混合使用,这样可以提高其利用率。冬季来临前,将全部肥料的 2/3 作基肥施入地中并深翻,翻后用旋耕机深旋 2 遍。余下 1/3 的肥料于翌年春定植时分层均匀地施入定植沟内,此时应注意有机肥使用前要晒干打碎,只有这样才能被均匀地、分层使用到定植沟内,并与土壤充分拌匀,当有机肥被分层施用且与土壤充分拌匀时,这样在定植当年才更利于葡萄的生长发育,才能保证葡萄健壮地生长。定植沟标准是以宽 80 厘米、深 60～80 厘米的规格为依据,可根据定植沟开挖的实际大小适当增减基肥施用数量。南方多雨地区沟深应当降低。此时常见的最大问题是沟内施用未经腐熟的肥料,这些潮湿成块的有机肥无法均匀施入,对当年生长造成很大影响。沟施肥料过多也不利于当年葡萄生长,这些应加以注意。

四、定植技术

(一)确定行距

行距的确定应根据不同的架式并参考品种的生长势而定。一般来说,"V"形架的行距为 2.5～3 米,行距过小不利于田间作业,尤其是采取避雨栽培时更是不便,行距过大则浪费空间,影响产量提高;小棚架行距一般为 4～5 米,棚架行距过大时,不利于前期产量提高;"T"形水平架行距为 3～5 米,行距如果过大,不利于前期产量提高。生长势过旺的品种行距可适当增大,有利于缓和生长势,促进花芽分化,提高产量。

(二)挖定植沟

定植沟应于冬季来临前在田间普遍施肥翻地的基础上挖完,应按照行距进行开挖。"V"形架一般采取南北行向,棚架一般采取东西行向,向北面生长。一般宽为 0.8 米,深度应根据不同的土壤类型而定,在土层较深、地下水位较低的我国中部或北部地区,可保持在 60 厘米左右;在地下水位较高、南方多雨地区,沟深 40～50 厘米。挖定植沟时,表土与生土要分开放置。定植沟的深度也可以参考种植的品种而定,一般巨峰系品种根系相对于欧亚品种较浅,定植沟开挖时可以适当浅一些。定植沟也不可过深,这样可将有限的有机质集中在一定的土层范围内,可以提高土壤有机质含量。

(三)适时栽植

1. 栽植时期 葡萄苗木栽植一般应于春季温度回升、树液开始流动时进行,如栽植过早,根系尚不能生长,枝条被风吹抽干而影响成活率。一般临近葡萄发芽时栽植成活率较高。

2. 肥料准备 每 667 米^2 准备腐熟的羊粪 2~3 米^3,或用鸡粪和牛粪各 1~1.5 米^3,一般要求有机肥在定植前 3~6 个月准备好,充分腐熟后打碎,晒干备用,另外,每 667 米^2 准备氮磷钾复合肥 15~20 千克、尿素 5 千克。化学肥料应施在定植沟内的中下部,不能与根系直接接触。

3. 土壤回填 土壤回填的时间为临近定植的前一周左右。有条件的地方,定植沟的底层可放置 10~20 厘米厚的作物秸秆。在我国中部地区的一般土壤上,葡萄根系多分布在地下 20~40 厘米深处,因此,土壤回填时要参考这一情况进行。沟最下部 1/3 厚度填生土,熟土填在中部根系将来的分布层,上部填生土。如果用生土与定植行间表土互换,沟内全部为表层熟土时,定植当年植株将会生长得更好,翌年即可获得较高产量。土壤回填时,土与肥料要分层均匀填放,在沟内可每隔 10 厘米左右厚的土壤撒 1 次肥料,并用工具将肥料与土壤掺和均匀。当土壤回填基本满沟时,在沟内灌水促土壤下沉,一般灌水后 2~3 天即可栽植。

4. 栽植方法

(1)株距的确定 栽植的株距应根据整形方式、品种生长势和栽培目的等确定。一般独龙干整形,株距可为 1 米;采取"V"形架单干双臂整形时,理想的株距一般为 2.5 米左右,为了早期丰产,株距可减小至 1 米左右。生长势强的品种(如克瑞森无核、森田尼无核等），株距可以适当增加，以缓和其生长势，生长势弱的品种（如京亚、87-1等），株距可适当降低，以充分利用空间；采取"V"形水平架整形时，株距一般应相当于两个相向生长的新梢长度的和，即2.5米左右；节间短、生长势弱的品种适当降低株距，生长势强、节间长的品种可适当增加株距。采取日光温室、塑料大棚进行促成栽培时，为了翌年就进入丰产期，一般应加大密度。总体来说，当株距较大、种植密度较稀时，由于树体较大，单株葡萄发育较为平缓，花芽分化相对较好，果穗大小较为均匀一致，产量稳定，副梢偏少；当种植密度较大时，单株间的差异一般较大。

（2）苗木栽前的处理　栽植前选健壮的苗木，有3个以上的饱满芽。首先要进行根系整理，根系一般保留20厘米长，过长的根应适当修剪。枝条也要修剪，保留有效芽3～4个，多余的剪去。苗木在冬季贮藏期间失水过多，为提高成活率，根系要在水中浸泡4～6个小时，让根系充分吸收水分。地上部分要用药剂处理，以杀灭枝条上的传染病菌，常用的杀菌剂可选用治疗性的杀菌剂和预防性杀菌剂的混合药剂，如使用苯醚甲环唑（或氟硅唑）＋代森锰锌（或福美双等），使用浓度可以适当高一些，可高于夏季叶面喷洒时的2～3倍。

（3）苗木的栽植方法　田土回填至接近满沟时浇水，浇水后沟内土会下沉，2～3天后再栽植苗木，这样苗木根系就可以生长在设定的深度。要适当浅栽，一般上部根系在土下5厘米左右，这样有利于葡萄苗木迅速生长，栽植过深时，苗木往往生长不旺。栽前按株距田间标记，每个点挖直径40厘米、深30厘米左右的坑，然后将1/4左右的土回填至坑内，形成中间高、周围低的龟背形，将苗木放在"龟背上"，保持根系舒展、均匀地分布在四周，覆土一半时要踩紧踏实，将苗稍向上提一下，使根系与泥土密接，然后覆土浇水。需要特别指出的是，在挖好的小坑内，葡萄根系附近的土壤不要有肥料，不能让根系与肥料直接接触，尤其不要直接接触速效化学肥料,以免对根系造成伤害。嫁接苗的嫁接口不能埋入土内,否则嫁接口处将会长出新根,失去了嫁接的意义。

在我国的南部地区,一般采用起垄栽培,这样便于排水,控制根系附近土壤水分供应,促进花芽形成。在我国中部地区许多地方,有些品种常常出现花芽分化不良、产量不稳、品质较差的现象,夏季适当控制水分供应,对这些问题的解决有重要作用。这些地区栽植葡萄时适当起垄,垄背与沟底落差可以保持在 20～30 厘米,同时也要做好田间排水设施,以保证雨水能及时排除。

(四)地膜覆盖

地膜覆盖是加速小苗当年生长、翌年获得较高产量的基础性工作。栽植小苗后要平整土地,以备地膜覆盖。在定植行内 80 厘米宽的范围内,土地应整成中间高、两边低的龟背形,要精细整地,打碎坷垃等大块东西。使用白色地膜增温较为显著,尽量选择较宽的地膜,这样增温效果更为显著,可选择幅宽为 1 米的地膜。地膜覆盖的时间一般在苗木栽后 1 周左右、土壤不太潮湿时进行。覆盖时,地膜两边要垂直埋入地下 5～10 厘米,缝隙用土压好,这样白天可有效阻止地温向周围扩散,提高地温。地膜覆盖后 2 个月左右一般不用浇水,以降低土壤潮湿度,起到"蹲苗"的效果,促进根系较快地生长。覆盖地膜的小苗,定植当年生长明显旺盛,如肥水管理得当,翌年即可获得相当的产量。

地膜覆盖除提高地温、加速小苗生长外,还有灭草、保墒、促进肥料分解的作用。地膜紧贴地面覆盖时,幼嫩的小草出土贴着地膜时,中午地膜的高温可将小草烤死。地膜覆盖后,阻止了地下水分的挥发,使水分保留在地面,形成相对适宜的土壤水分条件,这样有利于微生物的生长,从而促进肥料的分解,提高肥料利用率。过高的地温对葡萄植株生长也不利,进入 5 月中下旬以后,当外界温度回升较高时,可于早晨或傍晚将地膜揭去以降低地温、促进苗木生长,地膜切忌在中午地温较高时突然去除。进入夏季地温过高,尤其是在沙土地、干燥的土壤上,地表裸露时地温更高,高的地表温度对葡萄的生长发育是不利的,为适当降低地温,可尝试改用深色地膜覆盖地面。

五、定植当年管理

(一)定植当年培养目标

葡萄定植后翌年的产量高低、花多花少与定植当年的管理有关。生长量当年如能达到要求,主蔓直径达到1厘米以上时,翌年发出的芽就有可能带花序,就可以获得较高产量。"V"形架整形当年的基本目标是:形成2条健壮的主蔓,对主蔓连续摘心,主蔓直径达到1厘米以上,翌年可获得一定的产量。独龙干棚架整形当年的基本目标是:夏季在主干高度以上50厘米处摘心,并连续摘心,保证第一次摘心处枝条直径在1厘米以上,冬季从摘心处修剪,翌年也可以获得一定的产量。

(二)除梢定枝

苗高超过10厘米时,应根据整形的要求及时定枝、疏枝。如采取"V"形架整形、独龙干棚架整形、"V"形水平架整形时,应选留上部一个生长最为健壮的新梢,抹除多余的枝梢。嫁接苗应于芽眼萌发后及时抹除嫁接口以下部位的萌发芽,以免消耗养分,影响接穗芽眼萌发和新梢生长。

(三)肥水促长

定植当年肥水管理的主要目的是加速生长,促进树体早日成形。如果当年生长不良,冬季达不到计划整形的要求,冬季修剪时,可能需从根部对其平茬,使翌年再长,这样就会整整耽误一年时间。为避免这种现象的发生,让苗木当年健壮生长、早日成形、早日丰产,要加强对定植苗当年的肥水管理,当年的管理目标是宁可让其适当徒长一点,也要达到整形要求。肥水管理一般从小苗长至 8 片叶左右时进行(8 片叶之前主要目的是蹲苗),此时根系已经得到了很大的生长,如果肥水供应充足,植株生长速度将会明显加快。从此时开始,每隔 20～30 天应追肥 1 次,前期以追施氮肥为主,后期则只追施氮磷钾三元复合肥。进入 8 月份应停止追肥,尤其是应停止追施氮肥,以加速枝条老化,促进安全越冬和花芽进一步分化。每次追肥标准以每株 50 克左右为宜,追肥部位应根据根系分布情况而定,当葡萄长出 8 片叶左右时,追肥部位距离主干一般 30 厘米,以后逐渐保持在 40 厘米左右。把沟开挖成长条状最好,当年定植后的小苗根系较浅,开挖深度为 10～15 厘米。当种植密度较大时,也可以顺行开挖长条沟。我国中部地区在进入到麦收季节前后,天气较为干旱,这时施肥后应注意及时浇水。将肥料用水溶解后浇灌效果更好。

(四)防治霜霉病

当年定植小苗的重要工作是在后期防止霜霉病,因为小苗叶片离地较近,往往霜霉病发生较为严重,如不及时防治,将会造成早期落叶而使枝条老化较差,严重时冬天被冻死。在我国中部地区,夏季雨水较多,进入 7 月中下旬如遇连阴雨天气,小苗就容易感染霜霉病,要及时防治。其方法是看到田间开始有霜霉病叶刚出现时,喷药防治,目前治疗霜霉病的特效药剂较多,烯酰吗啉、甲霜灵、乙磷铝等药剂对其均有相当良好的治疗效果,发生严重时,可间隔 3～5 天后再补喷 1 次,即可有效控制。每次喷药时,治疗性药剂与预防性药剂配合使用,如代森锰锌、保倍、福美双、波尔多液等均具有良好的预防作用。喷药时,要保证喷到叶片背面。

六、几种常见架式及配套整形过程

(一)"V"形架单干双臂、单干单臂整形过程

1. 基本架式构造

(1)宽架面"V"形架三横梁结构 宽架面"V"形架三横梁结构是较为典型的架式,被生产上大量采用,基本规格见图 3-1。干高一般为 1 米,即最下面一道铁丝距地面 1 米,在距地 1 米高度的

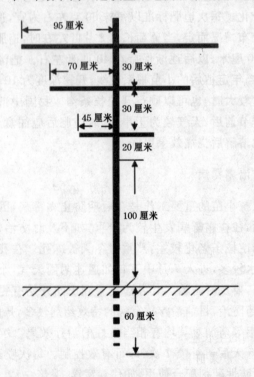

95 厘米

70 厘米 30 厘米

45 厘米 30 厘米

20 厘米

100 厘米

60 厘米

图 3-1 宽架面"V"形架三横梁结构示意图

水泥立杆上留一孔以便穿铁丝。每个横梁的端点 5 厘米左右处也保留一小孔,准备穿铁丝使用。2 条主蔓紧靠在最下面一道铁丝下方,绑缚其上。主蔓上长出的新梢向斜上方生长并分别绑缚在下部、中部、上部的铁丝上。依据图中规格设计,最下面一道铁丝距最上面横梁上的一道铁丝的距离大约为 1.2 米,这个长度基本能满足新梢绑缚的要求。定植行两端水泥立杆的规格为 10 厘米×10 厘米,中间的立杆为 8 厘米×8 厘米,横梁可以使用劈开的毛竹或木棍。为节省材料,生产上也可以采取两横梁结构,两横梁及最下一道铁丝间距离一般为 30～35 厘米,为便于田间操作可适当缩短横梁长度。

当行距较大时(超过 2.8 米),可适当提高干高,增加最上面横梁的长度,这样可以使新梢生长势相对缓和,更有利于花芽分化,以提高产量和品质,这对于生长势较强的品种及我国中南部降雨较多的葡萄产区来说更为重要,提高干高也更方便于田间操作。这样形成的架面更为平缓,类似于棚架架面结构,比水平架面更利于对副梢的管理。不管怎么变化,要注意最下面一道铁丝距最上面横梁一道铁丝的距离一般要保持在 1.2 米左右,以保证对新梢的合理绑缚。

(2)宽架面"V"形架三角形结构　宽架面"V"形架三角形结构在生产上也较为常用(图 3-2)。斜杆的长度一般为 1.2 米左右。在与斜杆接触的水泥立杆上、与斜杆接触的横梁处、斜杆下方 40 厘米与 80 厘米这 4 个地方分别留一穿铁丝的小孔。生产上也可根据不同的栽培目的进行适当调整,如行距较大时,可适当提高干高、加大横梁的长度。但不论怎么变化,斜杆长度一般为 1.2 米左右,以保证新梢的生长空间和合理绑缚。

2. 适合"V"形架的树体整形特点

(1)单干双臂整形　"V"形架的单干双臂整形适宜在非埋土防寒地区使用,适用于生长势中庸的品种,是生产上常用的整形方

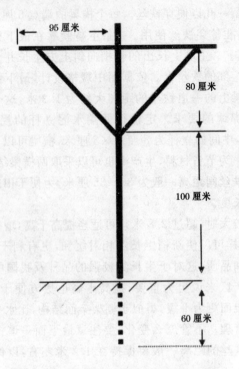

95 厘米

80 厘米

100 厘米

60 厘米

图 3-2　宽架面"V"形架结构图(三角架结构)

式。宽面"V"形架一般包括 2 种,即三横梁结构和三角架结构。由于上面横梁较宽,采用与之配套的单干双臂整形时,一般要求葡萄种植的行距为 2.5~3 米,行距小则不利于田间操作,行距太宽则造成空间浪费。采用单干双臂整形的,一般采取南北行向为好。基本树形是在最下部铁丝(一般在距地 100 厘米)高度保持南北两条主蔓,主蔓上着生结果枝组,新梢分别向东西两面斜上方生长,枝条绑缚在南北向的多道铁丝上(图 3-3)。

(2)优点　宽面"V"形架的单干双臂整形,其通风层、结果层、营养层层次分明,便于管理。果穗下垂,便于果穗管理,如果穗喷

52

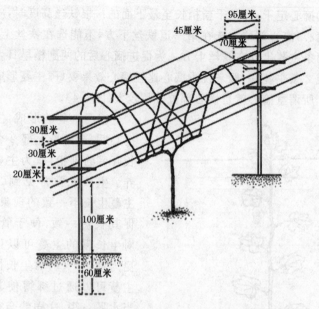

95厘米

45厘米

70厘米

30厘米

30厘米

20厘米

100厘米

60厘米

图 3-3　宽架面"V"形架的单干双臂整形（程阿选提供）

药、果穗整形、果穗套袋等操作较为方便,且果实着色较为均匀;新梢斜向生长,树势减缓,有利于花芽分化,随着新梢角度开张,花芽分化效果会逐渐改善;果穗生长在叶片下面,光照被叶片遮挡,可有效减轻果实日灼病的发生。

3. 单干双臂整形过程

（1）定植当年整形

①抹芽定梢:定植苗当年发芽后,要及时抹芽除萌,新梢长至10厘米左右时,选留一生长最为健壮的新梢继续生长,其他的全部去除,即保留1条主干。随着小苗的不断生长,每株苗附近要插一根小竹竿,使小苗顺竹竿向上生长。对小苗要及时绑缚,防止风吹伤害,促进其健壮生长,也有利于去除副梢、喷药防病等工作的开展。

②摘心定干：当主干新梢长至最下面的一根铁丝高度时,应对新梢摘心,摘心部位应选在第一道铁丝下方,不能选在铁丝上方,以免两条主蔓出现在铁丝上方。为促进摘心后的两副梢早日生长并形成2条主蔓,一般来说重摘心比轻摘心效果要好,主蔓形成得更早。所谓重摘心就是摘心部位叶片较大(图3-4)。

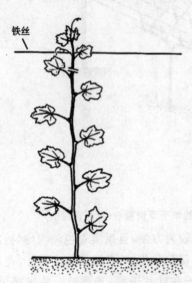

铁丝

图3-4　"V"形架单干双臂整形新梢的摘心部位(程阿选提供)

③两主蔓的形成：主干摘心后,选留最上部2个生长旺盛的副梢,作为主蔓培养。生产上常常见到2条主蔓生长不一致的现象,为促其长短一致,便于管理,对生长慢的主蔓可以让其更为直立一些,对生长快的主蔓可以通过绑缚使其适当水平一些,这样就会很快达到平衡(图3-5)。对单株间产生的生长差异,也可以通过肥水管理加以调节。

在一般生产中,对2条主蔓常常采取任其生长的方式,疏于对其精细管理,严重影响主蔓当年花芽分化,从而影响翌年产量。为加速枝条充实、促进花芽分化,利于翌年有较高的产量,当两主蔓直立生长时,对其要采取反复摘心的方式进行处理。其方法是当主蔓长至5片叶时(应根据生长势强弱和摘心时间具体掌握),对主蔓摘心。以后每隔4片叶摘心1次,形成"5+4+4"模式。每次摘心后,均选留最上部的1个副梢继续生长,其他副梢留1～2片叶摘心。我国中部地区在8月中下旬后,再新生的副梢应及时抹除,以控制营养

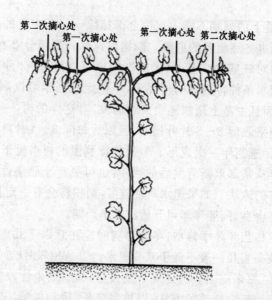

图 3-5 主干摘心后两主蔓的形成过程(程阿选提供)

生长,促进积累。在土壤肥水充足的情况下,利用这种方法,翌年可获得 500～1 000 千克的产量。因此,在定植当年,最重要的工作是促进新梢生长,加速树体早日成形。

　　以上为单干双臂整形,当葡萄栽植的株距较小时,也可以采取单干单臂整形,即当年保留一个主干,冬季向一个方向弯曲绑缚即可,即在主干一面形成 1 条主蔓。第一次摘心的高度一般在定干高度以上多留 6～8 片叶,以后每隔 3～4 片叶摘心。定植当年生长季节,新梢可一直向上生长,冬季修剪后再弯曲绑缚。利用这种方法整形比采取单干双臂整形更节省时间,主蔓形成得更早。其他相关整形方法请参考单干双臂整形。

　　④副梢的处理:当两主蔓水平生长时,前期对主蔓不摘心,2条主蔓外的其他副梢也可以留 1～2 片叶绝后摘心,以加速主干增粗,可防止冬芽萌发。主蔓上副梢的处理根据不同情况应灵活掌

55

握,其主蔓上的副梢不能一次性全部抹除,否则,在有的品种及地块上有促进冬芽萌发的危险。副梢的抹除一般可分 2 次进行,对于生长相对旺盛的主蔓,其上的副梢也可以留 1～2 片叶绝后摘心。在肥水条件特别好的情况下,不但定植当年可以顺利形成 2 条主蔓,而且主蔓上副梢还会大量萌发,对这样的树,一般对主蔓上的副梢采取留 3～5 片叶摘心,且以后每隔 3～4 片叶连续摘心的方法,促进当年一次成形。生长势特别强的树多见于成年树冻死后翌年从基部重新萌发后的当年,也可见于土肥条件较好且采取嫁接苗的地块。如果肥水条件较好,副梢将会有一定粗度、其花芽分化将会良好,翌年即可开始进入丰产期。

⑤定植当年冬季修剪:冬季修剪时应注意以下几点。一是剪口位置枝条直径一般不低于 0.8 厘米。二是相邻两株间架面要保留 10～20 厘米空当。三是对于生长势较旺、结果性较差的品种,主蔓可采取反向弯缚的方法,以控制旺长、缓和树势,又可避免主干上部的位置架面出现空当,即南面的蔓向北弯曲生长,北面的蔓向南弯曲生长。四是在修剪时要考虑冬芽的发育质量,一般来说,夏季摘心后留下的花芽分化相对良好,从夏季摘心处修剪也是获得翌年较高产量的有效方法(图 3-6)。

(2)定植后翌年整形　定植后翌年春葡萄萌发后,要抹芽定枝,所留新梢应交错向两面斜向生长。翌年新梢选留的密度一般应根据不同生长势的品种及结果枝组采取的更新方法而定。一般来说,对于生长势强、结果性较差的品种多采用双枝更新,而结果性能好的品种多采用单枝更新,因为单枝更新更加简便易行(结果枝的更新方法见第十章冬季修剪部分)。如果在定植当年仅形成 2 条主蔓,计划采用单枝更新的,冬季修剪时,在主蔓的东西两侧,每一侧一般每 20～30 厘米保留 1 个新梢,这个新梢在冬季修剪时短截,翌年(定植后第三年)每个枝条上于春季选留 2 个新梢,上部一个新梢为结果枝,下部一个为营养枝,单面一个方向上基本保持

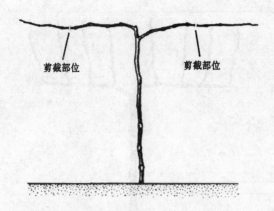

图 3-6 定植当年冬季修剪（程阿选提供）

每 10～15 厘米一个新梢,此时,架面即进入了相对稳定期,也就是进入丰产期,即每年基本保持这样的密度。单面一个方向上的新梢密度如果 10 厘米分布 1 个,株、行距为 2 米×2.8 米,每 667 米² 可有新梢 4 760 个左右。如结果枝所占的比率为 60%,每结果枝留 1 个果穗时,则有 2 856 个果穗,根据不同品种的单穗重量,可以计算出每 667 米² 的产量。

生长势偏弱、果穗较小的品种可适当增加单位面积内的新梢数量,或增加旺盛结果新梢所留果穗数量(如旺盛结果新梢可保留 2 个果穗),来调节单位面积产量。如因生产管理不善造成植株局部所留空间相对较大时,可通过采取双枝更新等方式加以调节。新梢间隔距离应根据品种生长势、果穗大小、肥水条件、生产目标等灵活掌握。叶片较大、生长势较强、果穗较大的品种新梢间隔距离可适当增加;果穗较小、生长势较弱品种新梢间隔距离可适当降低(图 3-7)。

(3)定植后第三年整形 定植后第三年,植株一般开始进入丰产期。图 3-8 采用单枝更新的方法,即在上年冬剪后,春季从每个修剪后的枝条上一般保留 2 个新梢,上部的一个新梢用于结果,下

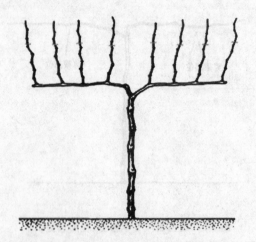

图 3-7　定植后翌年冬季修剪（程阿选提供）

部的一个一般用于更新，用于更新的新梢也可以结果。上部新梢当年结果后，冬季修剪时从基部疏除，保留下部的那个预备枝。预备枝保留一定长度短截，翌年再保留 2 个新梢，即上部的新梢用于结果，下部的新梢用于更新，年复一年。为避免结果部位逐年上移，在单枝更新春季抹芽时，对下部的新梢尽量靠下选留。

4. 单干单臂整形　单干单臂整形也是与"V"形架配套的一种常见整形方式，多在株距较小时使用，常用于株距在 1.5 米以下时，株距较大时也可以使用，其管理较为方便。定植当年夏季，第一道钢丝以下的副梢全部去除或留 1 片叶后摘心。当小苗长过第一道钢丝时，继续保持新梢直立生长，当第一道铁丝以上部分新梢叶片数超过 6～8 片叶时，对其进行第一次摘心，以促进摘心部位以下花芽分化，为翌年获得一定产量打基础。以后每隔 3～4 片叶摘心 1 次。冬季修剪时，生长情况一般如图 3-9 所示。当年定植苗如果放任生长、不摘心，翌年结果量较少。

定植当年也存在 2 种特殊的情况，一种是当小苗生长势较强

六、几种常见架式及配套整形过程

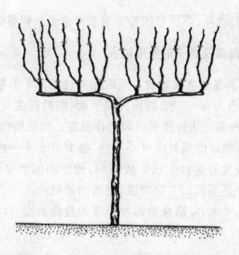

图 3-8　定植后第三年冬季修剪（程阿选提供）

时，仍按照上述方法对主蔓
摘心，但对第一道铁丝以下
20 厘米以上范围内发出的
副梢可以按照一定的密度
选留，可参考单干双臂整形
部分进行选留。对选留的
副梢留 4~5 片叶摘心，以
后每隔 2~3 片叶摘心 1
次。如果采取单枝更新方

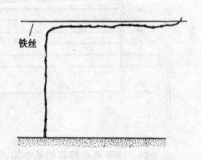

图 3-9　单干单臂整形（程阿选提供）

式，当肥水条件较好时，定植后翌年即可进入丰产期。当副梢发出
的密度较稀达不到要求时，也可以将主蔓倾斜或水平绑蔓以促进
副梢萌发。第二种是定植当年小苗生长较弱时，如不加强水肥管
理，当年冬季修剪时可能达不到整形的要求，可能会从基部平茬第
二年重新生长。对于生长势较弱的小苗，要加强肥水管理，多施肥
料，尤其是多施用氮素肥料，促进植株快长，达到整形的基本要求。

单干单臂翌年、第三年的整形请参考单干双臂整形部分。

(二)小棚架及龙干形整形过程

1. 棚架的基本架式结构 采取棚架进行龙干形整形时,葡萄定植行距一般为 4～5 米,棚面为斜平面,棚的高度与棚面的倾斜度应根据品种及便于种植者田间操作而定。如果所栽植的品种生长势较强时,棚面的倾斜度可小一些,棚面可水平一些,以控制生长势;如果栽植的品种生长势较弱时,棚面的倾斜度可适当大一些,以促进枝条生长。一般来说,棚面的最低处为 1.2 米左右,最高处为 2～2.2 米,应结合葡萄种植者的身高而定,以便于田间操作。横向铁丝间距一般为 0.5 米(图 3-10)。

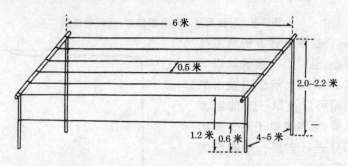

图 3-10 龙干形小棚架的基本架式结构(程阿选、蒯传化提供)

2. 龙干形整形

(1)树形 龙干形整形一般适宜北方埋土防寒地区,也适宜其他非埋土防寒地区。单行避雨栽培时,一般不太适宜采取此棚架。采取龙干形整形时,一般东西行向栽植,主蔓由南向北爬行,以利于叶片光合作用,坡面角度大小可根据不同品种的生长势及栽培目标确定。主干(或主蔓)从立架面至棚架面直线延伸,主蔓与主蔓之间在架面上间隔距离相同,一般可设置为 1 米,呈现平行排列,形似"龙干",主蔓上直接分布结果枝组。按照龙干数量的多少一般分为独龙干、双龙干和多龙干(图 3-11),基本结构大致相同。单龙干形一般株距为 1 米左右,即 1 条主干由下一直到上,主干上着生结果枝组,主干长度与行距有关,一般到达棚面顶部;双龙干保持 2 条龙干,株距 2 米,龙干间距离仍然保持 1 米;多龙干以此类推。独龙干整形栽植密度大,有利于果园早期丰产,而双龙干和多龙干可缓和树势,更适用于生长旺盛的品种(如克瑞森等)。根据不同的品种、土壤肥力和枝条在架面上分布的不同数量及角度,栽植密度也可适当增减,也有专家认为独龙干株距一般应为0.6~0.7 米。要注意保持新梢与新梢间在棚面上合适的间距及单位面积新梢数量。北方埋土防寒区多采用单枝更新法,非埋土防寒区多采用双枝更新或单双枝混合更新法。

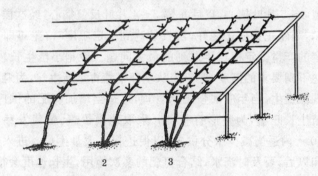

图 3-11 龙干形整形的种类
1. 独龙干型 2. 双龙干型 3. 三龙干型

(2)优点 龙干形整形可充分利用空间,使太阳光能利用较为充分;新梢在相对平面上生长,生长势得到缓和,有利于葡萄花芽分化,对于生长势旺盛的品种、我国中部及南部地区葡萄花芽分化存在问题的品种显得更为重要;树体结构比较简单,整形修剪相对容易;架面较高,通风透光良好,可减轻白腐病等土传病害的发生;由于架面下的果穗很少受太阳光直接照射,对日灼病有明显的预防作用,这对于红地球、美人指、魏可等对日灼病敏感的品种较为重要,尤其是在我国中西部干旱地区来说更为重要;由于阻止了光照对果实的直接照射,对我国西部地区红地球等红色品种着色较重的现象有一定缓解作用。

3. 独龙干的整形过程

(1)定植当年的整形　定植当年,新梢开始生长至10厘米以上时,选留1个健壮的新梢引缚向上直立生长,其余全部抹除。如计划干高为1.2米时,当年定植的小苗第一次摘心高度应为1.7米(即1.2米+0.5米)左右(图3-12),翌年一般从摘心处修剪,促进剪口下50厘米范围内萌发新梢。第一次摘心后,以后每隔4~6片叶摘心1次。对于生长旺盛的小树,摘心处以下50厘米范围内副梢萌发后,可按要求的新梢选留密度选留新梢,对确定培养的新梢留3~5片叶摘心,以后每隔3~4片叶反复摘心,经这样处理的副梢,当年花芽分化良好,当枝条达到一定粗度时,翌年即可获得一定的产量。定植当年遇到的最大问题一般是小苗生长较弱,当年达不到要求的高度,翌年需从基部平茬再重新生长,为避免这样的现象发生,当年应加强肥水管理,可适当增加氮肥的供应,促进小苗生长旺盛,为整形打基础。采取地膜覆盖,葡萄发芽后的40~50天内适当减少水分供应,以促进根系大量生长。进入5月中下旬以后,要及时浇水,结合氮肥的多次施用,生长速度会很快。冬剪时应根据枝组要求、枝条成熟度及枝条粗度进行修剪,一般剪口直径在0.8厘米以上(图3-13)。

对于定植当年生长较旺盛,当年夏季在高于干高50厘米处摘心,摘心处以下50厘米范围内当年长出的副梢,如当年管理得当,翌年春季这些枝条上萌发的新梢基本会开花结果。定植当年冬季,对这样的枝条修剪时,一般选留3~5个芽修剪,根据不同的品种、枝条粗度等决定。

(2)定植后翌年的整形　定植后翌年春季,在主蔓先端留一粗壮新梢作为主蔓延长梢,前端50厘米范围内结果新梢上的花序应

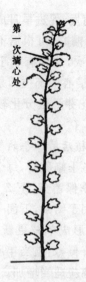

图 3-12　独龙干定植当年
夏季整形

图 3-13　定植当年冬季修剪

适当疏除,以保障延长梢尽快生长,早日布满架面。发芽后,直径超过 0.8 厘米的新梢,每梢保留 1 个花序结果;直径低于 0.8 厘米新梢上的花序应疏除。为避免结果部位连年过快上移,采用单枝更新的结果枝组,下面一个新梢在选留时位置尽可能靠下。主干上最顶端的一个结果枝组的选留应距离棚的顶端 1.2 米左右,以保证新梢有足够的生长空间,距离不可过短。

在定植当年冬季修剪后仅是 1 条主蔓,翌年春季应从棚架下 20 厘米左右(主蔓 100 厘米左右)开始选留新梢,新梢选留的密度应根据株距、结果枝组的更新方式及品种特性等确定。如采取独龙干整形、株距 1 米、单枝更新时,同侧所留新梢的间隔距离一般为 40～60 厘米,可根据品种特性、生产目标灵活掌握。当龙干主蔓顶端新梢长至 1 米左右时,对其摘心,以后每隔 1 米左右摘心 1

次，以促进摘心部位以下枝条充实和副梢萌发，促进早日成形。摘心部位以下副梢萌发后，一般留3～5片叶摘心（可根据不同品种灵活掌握），且以后每隔3～4片叶摘心1次，这样有利于花芽分化，翌年即可获得较好的产量。一般来说，摘心的部位即是当年冬季修剪时短截的部位，因为摘心处以下的花芽一般分化较为良好（图3-14）。

图3-14　定植翌年冬季修剪
（程阿选提供）

（3）定植后第三年的整形　定植后翌年冬季修剪后，每个枝条在下一年春季保留上、下2个新梢，上面一个用于结果，下面一个梢用于更新，以形成单枝更新的模式。如果株距降低，定植当年所留副梢的间隔距离应适当增加。节间长、生长势旺的品种（如里查马特），副梢间距可适当加大；节间短、生长势弱的品种，副梢间距可适当缩短。另外，地区之间也存在差异，南方雨水较多的地区、肥水条件较好的地块、果穗较大的品种、生长势较强的植株，副梢间距可适当扩大。生产上要根据具体情况结合生产目标灵活掌握，根据不同栽培目的，在确定目标产量的基础上，根据该品种果穗大小、结果性状等因素来确定枝条所留密度。除此之外，和枝组的培养方法有关，如采用双枝更新，结果枝选留的间隔距离应加倍。

独龙干结果枝组的培养，采用单枝更新的方法，这样生产上便于操作，当枝条相对稀疏时，使用双枝更新来弥补空间。采取单枝更新时，计划在下年作结果母枝的副梢，留3～5片叶摘心，以后每隔3～4片叶反复摘心，以控制生长，促进花芽分化。其上长出的

六、几种常见架式及配套整形过程

二次副梢一般留 1 片叶摘心或全部去除。副梢要交替地引绑到主蔓两侧，使之均匀地分布并向上平行生长。冬季修剪后，翌年新梢最终保留的长度一般为 0.8～1.2 米(图 3-15)。

4. 双龙干及多龙干整形 采取双龙干及多龙干整形时，当年苗萌芽后，待苗长至 5～8 片叶时对其进行重摘心，选最上部生长健壮的副梢培养成两个或多个主蔓，其他整形方法同上。

(三)"T"形水平架

"T"形架是"V"形架的一种特殊方式，在我国南部地区得到广泛应用，是在"V"形架的基础上增加干高，树干的高度稍低于棚面高度，使两主蔓上的新梢在水平面上平行生长。这种整形方法有 2 个

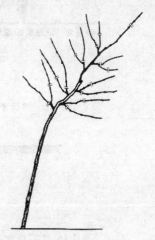

图 3-15 定植后第三年冬季修剪
（程阿选提供）

突出优点：一是适宜人在树下前后左右行走，适合于采摘观光园使用；二是新梢在平面上生长，会极大地缓和生长势，有利于花芽分化、提高产量和质量。同时也会减轻病害的发生，果穗在水平叶幕下，能减轻果实日灼病的发生，果实着色好。由于结果部位离地面较高，所以白腐病发生相对较轻。但也有一些负面影响，如新梢在平面上缓慢生长时，会加速副梢的萌发，增加管理用工等费用。

图 3-16 为"T"形架水平整形模式，可根据生产者的身高及爱好适当调整横梁高度及增加架面拉丝间的距离。

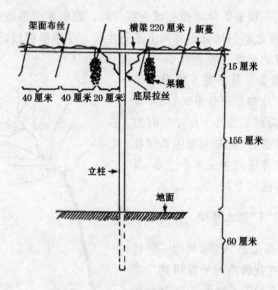

图 3-16 "T"形水平架整形模式(杨治元提供)

第四章 发芽前的管理

一、出土上架

在我国北部、西北部地区的冬季较为寒冷,葡萄植株必须埋土后才能安全越冬,春季来临时再撤土上架,应根据当时天气情况灵活掌握出土时间。如果出土过早,地温较低,根系尚不能活动吸收水分,枝蔓暴露容易蒸发水分,造成其失水抽干死树。出土过早还会使葡萄发芽提前,容易造成晚霜危害。

葡萄枝蔓大都经过捆扎后埋在栽植沟的中心,应先在防寒土堆两侧去土,然后再扒去枝蔓上的覆盖物。出土后的葡萄枝蔓应按照上一年的方向引缚上架。上架时操作要谨慎,防止折断或伤害枝蔓。采用嫁接苗栽植的果园,出土上架时应检查一次,在主蔓的基部要彻底清除土壤,防止生根变成自根苗以削弱抗性。

二、果园清理

多年生的葡萄树,其树体上多有一些翘起的老树皮,这些树皮不仅影响正常的代谢,而且还是多种传染性病菌及害虫隐藏越冬的场所,不去除这些老皮,发芽前的药剂防治难以达到防病虫的效果,所以,应将其彻底剥除、清扫干净。与此同时,也要做好田间枯枝落叶等清理工作,并集中烧毁或深埋。因为在这些枯枝落叶中,有上年病害发生时残留的病原菌,如将其留在田间,翌年会成为传

67

播的病源。

三、果园喷药

葡萄发芽前喷药是全年防治工作的重要内容。发芽前的喷药时期一般应选在葡萄含苞时较好,过早喷药效果不好。农药的使用类型应根据栽培方式及不同地块上年病害情况结合本年气候条件而定。避雨栽培的果园往往白粉病、介壳虫、红蜘蛛较为严重,临近发芽前可喷洒一次 3～5 波美度的石硫合剂,也可以使用其他硫制剂,如硫悬浮剂等。一般露地栽培的果园,推荐使用一般性杀菌剂对果园消毒处理,主要目标是防治田间的炭疽病、白腐病、黑痘病、霜霉病等主要病害,可以采取具有治疗效果的广谱型药剂,如氟硅唑、苯醚甲环唑等,这 2 种药剂对白粉病也具有特殊效果,如再加入福美双、代森锰锌等,效果更佳。由于枝条尚未发芽,此时喷药浓度可以适当加大,使用浓度可提高 2～3 倍。喷药时要注意质量,对枝蔓应两面喷洒。

四、肥水管理

一般在发芽前 15 天左右追肥,此次追肥为催芽肥,目的是促进新梢健康生长,促进花序发育和花蕾细胞分裂,防止花芽退化,促进坐果。一般肥力的地块,每 667 米² 追施 5～10 千克氮磷钾三元复合肥＋5～10 千克尿素。尿素的使用不能过量,以免发生徒长,影响坐果。可采取开挖条沟的方式,即在定植行一侧,距树体 0.5～1 米的距离内开挖与定植行平行的条沟,一般沟宽 20～30 厘米,沟深根据根系分布情况定,我国中部地区一般的地块沟深 20～30 厘米,以刚刚开挖到根系为止,因为肥料溶于水后可以顺水下沉被根系吸收。也可以在植株旁直接开挖条状沟,沟要尽

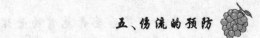

可能长，一般为 50 厘米左右。肥料一般不要坑施。施肥后应及时浇水。在上年秋施基肥充足、土壤肥力好的地块，此次施肥也可以省略。

五、伤流的预防

葡萄发芽前，常常发现早上树体湿润，1 周左右就会结束，这种现象就是伤流。在葡萄发芽前，我们从外观看不到什么生长迹象，但是其植株内部却进行着旺盛的生理代谢，尤其是根系活动旺盛，根系从土壤中吸收大量水分引起根压升高。如果修剪过晚、修剪方法不当或枝蔓此时受到损伤时，均会产生伤流。伤流的严重程度跟品种与土壤湿度有密切关系，土壤湿度大时伤流相对严重；土壤干燥时伤流较轻或不发生伤流。伤流中的主要成分是水，而干物质含量很少，一般不会对植株带来大的伤害，如果伤流严重时则会造成储藏营养的流失，对生长产生一定影响。预防时应减少枝蔓伤口，不要过早或过晚修剪，冬季修剪选在落叶后 1 个月和发芽前 2 个月之间进行，采取正确的修剪方式等措施，可以有效降低伤流的发生。

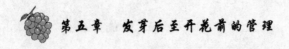

第五章 发芽后至开花前的管理

一、晚霜冻的防治

晚霜害是春季葡萄发芽后突遇寒冷天气造成的,发生严重的果园,新发嫩梢及萌动芽会被冻死或冻伤,常给葡萄生产带来严重的损失。正确认识其发生规律、预防及补救措施,对最大限度地降低晚霜冻害带来的损失具有重要意义。

(一)危害症状

晚霜发生时,梢叶幼嫩、含水量较高,遇低温易结冰。受冻害程度除与低温有直接关系外,与低温持续的时间长短也有关。冻害发生时温度较低、持续时间较长时,发生相对严重。晚霜冻害发生时,叶肉组织将会遭到破坏,轻者幼嫩叶片受害发黑、干枯死亡,重者嫩梢甚至萌动芽被冻死。

(二)发生规律

1. 与芽生长程度的关系 处于绒球期的芽受害较轻,芽生长时期受害较重。就一个枝条来看,由于剪口下 1～2 个芽发芽更早,更易遭受晚霜冻害,受害也严重,而下部芽由于发芽较晚,一般受害较轻。一般情况下,幼叶和新梢在 −1℃左右时即开始表现症状,而此时刚刚萌动的芽一般能忍受短时低温,当温度下降至 −3℃以下时,这些刚刚开始萌动的芽才有发生冻害的可能。近年

70

来,国内外有关研究表明,植物体上广泛存在的具有冰核活性的细菌是植物发生霜冻的关键因素。

2. 与地势的关系　在地势较低的地块,其枝芽受晚霜冻害更重。主要原因是冷空气下沉,在低洼地块的冷空气温度最低。在夜晚,地面是一个散热的过程,主要以地面辐射的方式降低地温。天气晴朗时,地面有效辐射值较大,地面温度降幅也大,早晨易出现霜冻。所以,霜冻多发生在晴天的凌晨,夜间有风时,地面有效辐射值减小,风能把近地面冷空气带走,代之以温度较高的空气。地势较高的地块夜晚风偏大,温度往往偏高而不易发生晚霜冻害。

3. 与土壤质地的关系　沙质土壤受害较重,而黏土地受害较轻。沙质土壤春季回温快,白天温度偏高,植株发芽早、生长快,当幼嫩芽长出时,其抗寒力偏弱。沙质土壤夜晚散热较快、土壤温度偏低,因此植株更易受害。

4. 与土壤含水量的关系　同一地块,土壤含水量越高受晚霜冻害越轻。由于水的热容量较大,当土壤含水量较高时,白天地温升高幅度受到一定限制,地温回升慢,葡萄发芽推迟。含水量较大的地块夜晚地温下降幅度也受到一定限制,地温及近地面小范围气温较干燥地块相对偏高,因此受害也偏轻。

5. 与 1 年生枝条发育程度的关系　树体偏旺或偏弱者,晚霜冻害发生严重,而生长中庸、健壮的树发生较轻。旺树和弱树树体营养储存不均衡,枝条发育不充实,抵抗力差,内部髓心组织不紧密。如施用氮肥过多、负载量过大、秋季霜霉病严重、夏季摘心去副梢不及时等,均会使枝条发育不充实而降低抵抗力。调查发现,秋施有机肥充足的地块,大多受晚霜冻害较轻。

6. 与浇水时间的关系　临近寒流来临时浇水,其水温较高,晚上散热量更大,受冻害较轻。

7. 与周围环境的关系　生长在建筑物附近的葡萄树受害较轻,而空旷地的受害较重。建筑物在夜晚时可释放一定热量,还可

第五章 发芽后至开花前的管理

以挡风,气温相对较高,局部小气候对晚霜冻害有一定的缓冲作用。

(三)预防措施

1. 改善环境条件 当气温降低至0℃以下时就有发生晚霜冻害的可能性。降温幅度越大、越突然其伤害越大,浇水是目前防治葡萄晚霜危害最为有效的方法之一。水的热容量较大,当气温降低时,含水量较大土壤的降温速度将会变得缓慢,降温幅度较小。晚霜一般发生在晴天凌晨,此时气温是一天中最低的。实践证明,在晚霜到来的前1天晚上浇水,效果最为理想,因为此时水温较高,水分散热较为缓慢,这样可以保持植株体周围在凌晨有一个相对较高的温度,可减轻甚至有效地避免晚霜冻的危害。目前,普遍采用的果园熏烟很难抵御强降温造成的霜冻危害,尤其在大面积果园操作不便、收效甚微。

2. 提高植株抗寒性 葡萄植株体本身的抗寒性对减轻晚霜危害有重要作用。要加强夏季植株管理,及时摘心、去副梢,立秋后新发副梢一律去除,这样才能保证枝条发育较为充实。要及时防治霜霉病,尤其是遇连阴雨天气应及时喷药,预防早期落叶。施肥时要注意氮、磷、钾配合施用,有条件的地方秋季基肥建议施用羊粪、鸡粪、牛粪或其他家畜家禽肥料。要合理负载,限产栽培。

3. 推迟发芽以避霜害 春季应于葡萄芽鳞片开裂时浇1次水,10～15天后再浇1次,以增加土壤含水量,限制白天地温升高幅度,延缓葡萄发芽,尤其是春季回温较快的沙土地更应及时浇水。根据笔者近年的有关试验,浇水后第三天的果园,白天10厘米深地温可低于干旱土壤4℃以上,30厘米深地温可低于干燥土壤1.5℃以上。葡萄行内春季如覆盖透光率低的深色地膜,推迟发芽的效果将会更为明显。对于冬季埋土的地区,春季适当延迟葡萄树出土上架时间,也是推迟发芽、避免晚霜危害的有效途径。

(四)补救措施

晚霜会造成葡萄嫩梢及萌动芽冻伤、冻死。冻伤后的树体生长势减弱。嫩梢冻死后,新发枝条带穗率明显降低,对当年产量影响极大。因此,补救工作应以恢复树势、对当年产量补救为中心。

1. 上部芽被冻死枝条的补救 对于剪口下1～2个芽被冻死的,待下部芽萌发后,剪除芽以上干枯部分,集中营养供应,促进下部新梢健康生长。

2. 芽被冻伤枝条的补救 新发幼芽被冻伤的,这种枝条生长势一般较弱,应及时回剪,应适当减少结果量,以促进营养生长,尽快恢复树势。加强肥水管理,行内可覆盖白色地膜以提高地温、加速生长。

3. 更新补空 对枝条被冻死、空间较大者,注意选留枝条进行更新补空。

4. 冻死植株的补救 对根颈部以上被冻死的植株,待其近地面部位芽萌发后,选留1个嫩梢,嫩梢以上干枯的树体一般不要及时去除,以免对新梢造成伤害。由于具有庞大的根系,这样的新梢一般生长旺盛、容易徒长,如管理不善,当年容易产生冻害,应精心呵护、细心管理,保持枝条的充实,提高当年秋冬季抗寒性。以"V"形架的单干双臂整形为例,当新梢生长至定干高度时摘心,抽生2条主蔓,当主蔓长至空间一半长度时对其摘心,并反复摘心,2条主蔓上产生的二次副梢按规定的密度选留,对选留的二次副梢一般留4～6片叶摘心,以后每隔3～4片叶摘心,可当年成形,翌年即可恢复到正常的树体而进入到丰产期。

5. 夏季二次结果技术 当年生冬芽结果法。晚霜常造成1年生枝条上部芽被冻死,所以对当年产量有严重影响。为弥补损失,可利用当年发出新梢的冬芽进行结果。当新梢长至5～8片叶时摘心,选留顶部2个副梢继续生长。摘心后果园要浇水、追施复合肥,促进生长。副梢 4 片叶时摘心后上部再萌发的副梢留 2 片叶摘心。待第一次摘心后的副梢生长 30 天左右时,将其从发出的基部剪去,促进下部冬芽萌发结果,当年可获得一定的产量。

　　夏季二次结果技术多用于早熟或者中熟品种上,晚熟品种由于果实发育期较长,如采取二次结果,果实往往达不到发育的时间要求,不能成熟或质量下降。

二、枝条引缚

(一)引缚的目的

　　枝蔓在架面上固定后,局部仍会有一些枝蔓分布不合理,有的太密、有的太稀,这时,要引导枝蔓合理配置,使新梢在架面上尽可能地均匀分布,对各种开张角度不佳而生长发育不良的枝条,通过变更枝条角度的方法调节生长,以达到较好的效果。

(二)结果母枝的引缚

　　结果母枝的引缚应根据其在架面上的角度而定。结果母枝在架面上的开张角度有几种可能,其角度开张的大小,对生长发育会产生很大影响。垂直向上生长时,生长势较强,新梢徒长节间较长,不利于花芽分化和开花结果;向上倾斜生长时,树势中庸,枝条生长健壮,有利于花芽分化;水平生长时,有利于缓和树势,新梢发育均匀,有利于花芽形成;向下斜生长时,生长势显著削弱,营养条件变差,既削弱了营养生长又抑制了生殖生长。所以,结果母枝应以垂直引缚或倾斜引缚较为合适。因此,生产上对于强枝来说,应加大开张角度,适当抑制其生长,使生长势逐渐变缓;对于弱枝,应缩小角度,促进生长。通过枝条选留的角度来适当调节生长势较强或较弱的品种,对促进合理生长具有一定的意义。

(三)新梢的引缚

新梢的引缚是实现冬季修剪目标的重要手段。架面超强直立枝要水平引缚,以抑制其营养生长;对于果穗坠垂的弱枝,应促其前部垂直生长,以促进其尽快生长。

三、抹芽与定梢

(一)抹芽定梢的目的

抹芽定梢是最后决定新梢选留数量的措施,是决定葡萄产量与品质的重要作业方式。由于冬季修剪较重,容易产生很多新梢,如果新梢过密,树体营养分散,单个枝条发育不良,常造成品质下降及当年花芽分化不良。通过抹芽定梢,可以根据生产目的有计划地选留新梢数量,从而保证合理的叶面积系数,保证枝条、果实的正常生长发育。

(二)抹芽的时期及方法

抹芽一般分 2 次进行。第一次抹芽应在萌芽初进行,对双生芽、三生芽及不该留梢部位的芽眼可一次性抹除。第二次是在 10 天之后进行,对萌发较晚的弱芽、无生长空间的夹枝芽、部位不适当的不定芽及不计划留新梢部位的芽抹除(图 5-1)。

(三)定梢的时期及方法

定梢一般是在能看出花序和花序大小的时候进行。这项工作是决定当年留枝密度的最后一项工作,决定着当年新梢的摆布、结果枝数量的多少。通过定梢可以使枝条在空间上均匀、合理地分布,避免过密或过稀,使光照得到充分利用。定梢要兼顾到花序的

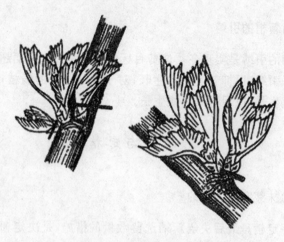

图 5-1 抹芽的方法

选留,特别是对于一些结果性状不好的品种这项工作显得更为重要。一般营养枝与结果枝的比例控制在 1:2,根据不同品种、不同情况灵活掌握。定枝还要兼顾到结果枝组的更新方法,作为预备枝选留的,为避免结果部位连年较快上移,尽可能选留下部的新梢。

四、花序疏除与花序整形

(一)花序疏除

1. 花序疏除的目的 疏除花序是葡萄定产栽培的一项重要措施。根据不同品种、不同土壤条件,在确定产量的情况下,有计划地将花序控制在一定范围内,可以达到树体合理负载,促进优质生产。疏除时可将那些发育不良的花序去除,为优质生产打基础。截止到 2010 年,我国各地均在提倡优质生产,以创造优质品牌、提高销售价格为葡萄生产的目标。果农种植葡萄多数是为了获得最大的经济效益,寻找一个产量与品质的平衡点,达到最佳的经济收益和可持续发展,是疏除花序工作中应该考虑的一个问题。产量过高势必影响果实品质,而果实品质的降低,一方面可能会影响到销售价格,另一方面可能会对葡萄连续性生产带来一系列问题,必须加以考虑。

2. 花序疏除的时间 疏除花序的时间一般在开花前 15 天左右,但也要根据不同的品种、不同的树势灵活掌握。树势强、容易落花落果的品种可选择在落花后 1 周左右(即第二次生理落果后)进行,这样树势强的树可以适当缓和树势,容易落花落果品种的果穗可以有更多的选留机会。对于结果性能好的树,在能分辨出花序的部位及大小时就可以进行,以降低营养物质的消耗,原则上是越早越好。对于生长势较弱、不存在严重落花落果问题的树应尽可能地早日疏除花序,以减少养分的损耗。

3. 花序疏除的方法 根据定产栽培的原则,依照栽植密度,将产量分配到每株上,然后以单株为单位,在兼顾到树体间差异的情况下进行花序的疏除工作。要根据品种、树势以及树体的生长发育情况而定。一般大果穗品种(如红地球、紫地球、圣诞玫瑰、里查马特等)的生长势中庸或偏旺的新梢上,每个新梢可选留 1 个果穗,疏除弱枝的果穗;对巨峰等中等类型果穗,生长偏旺新梢可以留 2 个果穗,生长势中庸的新梢可以留 1~2 个果穗。果穗的选留标准应参照计划安排的单株产量、不同品种果穗的大小而具体决定。原则上生长势较弱的新梢不留果穗,也要兼顾到果穗在树体间分布均匀合理。

(二)花序整形

1. 花序整形的目的 花序整形的目的是为了尽可能达到果穗大小一致、果粒大小一致、果穗外形美观,将营养集中运用至有限的果实中,促进果实个体的良好发育。花序整形是疏松花序,保持果粒有一定的生长空间,加强果穗内部的通透性,有利于果实着色和发育良好,避免裂果等不良现象的发生。

2. 花序整形的时间　花序整形一般与花序疏除同时进行,无用花序疏除后,留下的花序要进行整形,整形工作一般在开花前完成。弱树要尽早地进行花序整形以减少养分的消耗,旺盛树则可适当晚整形。

3. 花序整形的方法　花序整形一般去除花序上下两头而保留中间的部分。首先,应去除上部长度超过花序总长 1/2 的副穗(或歧肩),去除穗尖 1/5～1/4 的长度,因为穗尖那一部分的花序将来长出的果实较小、商品性差,影响果实的一致性。其次,每个小分穗也要去除穗尖一部分。果粒较为拥挤的品种也可去除一定数量的分穗(图 5-2)。不同果穗大小的品种其花序的形状等有一定差异,花序整形方法也有一定差异,不同生产目的及栽培目标均要求每个品种的果穗有一定的果粒数量。对于用植物生长调节剂处理的果穗,由于处理后果粒增大效果显著,为避免过分拥挤而影响发育、裂果等不良现象的发生,生产上常对果穗紧凑的品种疏粒,也有一些地方考虑到疏除果粒浪费人力,也时常在开花前的一定时期用植物生长调节剂处理,以拉长果穗的方法来弥补因果实膨大处理而带来的果粒过分拥挤。花序整形是一项技术性较强、较为费工的工作,整形时花序产生伤口容易遭受病菌感染,最好不要在阴天进行,以降低伤口感染的机会,花序整形后最好结合田间病害防治及时喷 1 次药。

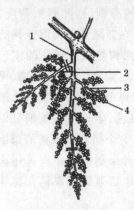

图 5-2　花序整形的方法
(严大义提供)
1. 花序轴　2. 花序副穗
3. 花序分枝　4. 花蕾

五、摘　心

(一)结果枝摘心

1. 摘心的目的　葡萄的结果枝在开花前后生长非常迅速,而此时正值开花结果期需要大量的营养供应,如果放任新梢继续生长,会造成新梢与花序之间的营养竞争,如结果枝不加控制,而竞争的结果往往是新梢继续大量生长,花序大量落花落果、果实品质降低。生产上通过对结果枝摘心而抑制其生长,使营养物质集中供应至花序以促进坐果,这项工作在落花落果严重的品种上显得更为重要。

2. 摘心的时间　一般在开花前3~5天内进行,在初见花之前完成。对于一些生长势过强、落花落果严重的品种时间还可以更早。

3. 摘心的方法　结果枝第一次摘心一般从半大叶片处进行。对落花落果严重的品种(如巨峰等)摘心时,通常在开花前3~5天完成摘心工作,且要重摘心。而已经发现田间有花已经开放时,这时的摘心尽可能在叶片较大处进行,一般叶片面积应达到正常大小的1/3以上。对落花特别严重的品种,有时必须进行重摘心才能达到理想的效果。

结果枝于开花前过早摘心的,一般于花序终花期过后7~10天(即第二次生理落果期后)进行第二次摘心。开花前摘心目的是促进坐果、减轻落花落果,而落花后7~10天摘心是为了促进果实的快速生长发育。在葡萄落花后7~10天,果实即开始进入快速生长期,此时结果新梢保持较大的功能叶片数量,可满足果实快速生长对养分的需要,避免养分向顶尖运输,促进果实快速生长。至果实成熟前,新梢应每隔2~3片叶摘心1次,并及时去副梢,以控制营养生长,促进果实快速发育。在我国中部地区,进入 8 月份立秋前后,新发副梢应全部抹除,以促进枝条老化、养分积累、花芽进一步分化。南方地区抹除时间可适当推迟。

(二)预备枝摘心

1. 摘心的目的 结果枝是指当年用于结果的新梢,结果枝结果后一般于冬季从基部去除,而留下预备枝作翌年更新用。以单枝更新为例,预备枝翌年春季选留上、下 2 个新梢,上部一个用于结果,下面一个用于作预备枝。预备枝中有的着生果穗,而有的则没有果穗,即单纯的营养枝。预备枝管理的中心目标是保证当年花芽良好分化,为翌年打下良好的丰产优质基础。对有果穗的预备枝,也要兼顾到当年果穗的生长发育。当预备枝生长到一定程度时要对其摘心,通过摘心控制营养生长向生殖生长的转化。一般认为,葡萄的花芽分化是在开花前半个月左右就已经开始了,此时通过摘心限制营养生长,对新梢养分的积累、花芽分化有重要的促进作用。在我国中部及南部地区,目前花芽分化是困扰葡萄生产的重要因素之一,特别是对于结果性状较差的品种更是如此。在土壤养分充足的基础上,通过对预备枝连续性地摘心是解决这一问题的重要措施。

2. 摘心的时间、方法 目前多数观点认为,营养枝的摘心时间可偏晚于结果枝。笔者认为,不同品种、不同生长地区、不同摘心目的其营养枝的摘心时间应区别对待,除兼顾到果穗生长发育需要的营养物质外,还要考虑到当年的花芽分化,即给翌年丰产打基础,这在我国中部及南部地区显得更为重要。预备枝的摘心时间应在葡萄开花前3～5 天进行,在半大叶片处进行,以后每隔 3～4 片叶摘心 1 次,反复进行直至立秋前后为止。对于生长势较强的预备枝,也可以在开花前 10～15 天进行。在我国西北部干旱少雨地区,葡萄新梢生长势受到一定限制,加上良好的光照,其花芽分化良好,摘心时间可以适当偏晚,主要应考虑到葡萄果穗发育所需要的叶片面积要得到保障。对于延长梢也要摘心,以控制新梢生长,促进枝条老化。

六、副梢的处理

(一)抹除副梢的必要性

副梢是葡萄植株的重要组成部分,如果管理及时、处理得当,会达到叶幕层密度合理,能够增强树势,弥补主梢叶片不足,提高光合作用。促进营养积累,适时地抹除副梢,对限制营养生长、促进花芽分化非常重要。对有些品种,当预定产量不足时,可以利用副梢结二次果。副梢处理如果不及时,将会造成叶幕层过厚、架面郁闭、通风透光不良、树体营养消耗严重、不利于花芽分化,并且降低果实的品质和产量。

对于因没有及时处理而已经长出多个叶片的副梢,生产上应根据田间具体情况进行处理,不可一次性的从根部抹除,那样做一是造成浪费,因为叶片已经长成,二是处理不当将会造成冬芽萌发。如果附近尚有空间,叶幕层尚未达到要求的厚度,可对副梢重摘心,同时要抹除其上的二次副梢。

(二)抹除副梢的方法

结果枝摘心后,一般选留最上部 1 个副梢继续生长。葡萄开花前是葡萄植株营养生长旺盛期,摘心后一般不要一次性抹除全部多余的副梢,否则有刺激新梢上部冬芽萌发的危险。副梢抹除一般于摘心 1 周后开始,要分 2 次进行,第一次先抹除下部副梢,待上部所要留的副梢长出后再抹除剩余的其他副梢。对于冬芽容易萌发的品种,生产上常采取下部副梢留 2～3 片叶绝后摘心,限制其继续生长,上部的一个副梢继续生长并连续摘心,同时保留最上部2个副梢,这样不但可起到避免或缓冲冬芽萌发的作用,也不会因为同时选留2个副梢而造成上部叶片过于郁闭。新梢第二次摘心后,果实即开始进入快速生长期,这时营养生长开始放缓,上部的新梢生长速度开始下降,即使保留最上部的一个副梢,冬芽萌发的可能性也大大降低。第二次摘心后,每隔3片叶左右摘心1次,反复进行。副梢应及时抹除。结果枝摘心后,对日灼病发生严重的品种及地区,可在果穗着生节位上部1~3节各选留1个副梢,每1个副梢留3片叶左右摘心,利用副梢叶片遮挡阳光,减轻日灼病的发生。

在尚未进入丰产期的幼龄树上,由于其田间尚未郁闭,在空间充足的情况下,营养枝上的副梢也可以留1片叶绝后摘心。延长梢上的副梢通常顶端1个副梢留3~4片叶反复摘心,其余的均留1片叶绝后摘心。在实际生产中,往往只重视前期副梢的处理。坐果后忽视对副梢的及时去除,严重影响营养积累、枝条充实及花芽分化等,应引起重视。

(三)副梢的利用

1. 利用副梢加速整形 如果当年定植的小苗在春季萌发时只抽生1个新梢,但整形要求基部有2个主蔓时,可留4~6片叶重摘心,促使副梢萌发,选上部副梢培养主蔓。

2. 利用副梢结二次果 在进行早熟栽培时,可利用副梢直接结二次果,也可以通过对新副梢连续2~3次留2~3片叶反复摘心的方法促使花序出现而结二次果,如处理得当可获得效益可观的二次果。

3. 利用副梢培养结果母枝 对当年新梢摘心后,其上部发出多个副梢,可对其进行培养,使之成为结果枝组。

七、果园植草

我国葡萄发展面临 2 个较为突出的问题,一是土壤有机肥含量普遍偏低,我国大部分果园有机肥含量不到 1‰,严重制约葡萄产量和质量的提高;二是目前相当一部分葡萄园仍以清耕为主,地表裸露导致夏季地温过高,影响果树根系对土壤水分的吸收利用,并且造成土壤水分蒸发严重,加剧土壤干旱,对葡萄的生长发育产生不良影响。上述现状成为我国发展葡萄生产亟待解决的 2 个较为突出的问题。果园植草有助于解决上述问题,它通常在春季或秋季进行。

(一)现代葡萄生产对土壤肥力的基本要求

土壤肥力是土壤的基本属性,是土壤从植物营养和环境条件方面供应和协调植物生长的能力。土壤肥力是土壤各种特性的综合体现,植物生长发育不仅需要水、肥、气、热四大肥力因素同时存在,而且要有相互协调的能力。土壤肥力分为自然肥力与人为肥力。自然肥力是指土壤原有的基本特性,而人为肥力是指各种耕作、施肥、灌溉等措施产生的结果。简单地讲,是通过人为措施使土壤中营养物质增加,并确保植物对这些营养物质有较好地吸收利用。

增加养分供应是提高土壤肥力的主要措施,而土壤中有机质的含量是决定土壤肥力的重要因素。土壤一般分为黏土、沙土、壤土 3 种。黏土保水保肥力好,但通透性较差;沙土通透性较好,但保水保肥力较差;壤土集中了二者的优点,壤土偏沙的土壤质地有利于果树生长发育。高产、优质的现代化果园,要求土壤中要有较高的有机质含量,有机质中含有植物生长所需要的各种营养元素,可以保证提供给果树生长发育所需要的各种营养成分,这些营养元素也是土壤微生物生命活动的能源,对土壤物理、化学和生物学性质有着深刻的影响,对土壤中水、肥、气、热等各种肥力因素有重要的调节作用,对土壤结构改善有重要影响。有机质含量增加了,土壤的通气性、保水保肥性、土壤微生物的活性等就会明显提高。土壤微生物活性的增强,可以加速土壤中不可用营养物质的开发利用,提高各种肥料的利用效率,从而提高果实含糖量、果实风味、外观色泽等。另一方面,土壤有机质对重金属、农药等各种污染有显著的减轻调节作用。目前,我国大部分果园土壤有机质含量不足 1%,而优质、稳产果园对有机质的基本要求是 1.5%~2%,而日本等一些发达国家的优质果园有机质含量甚至达到 7% 以上。因此,提高果园的土壤有机质含量,我们还有很长的路要走。

(二)果园植草的生态效应

1. 生草对葡萄园土壤的生态效应　果园植草可以促进土壤营养的变化,果园连年植草可以增加土壤有机质含量。适合果园的绿肥作物有苜蓿、苕子等,均属于豆科作物,这些绿肥作物不仅自身具有固氮能力,而且可以从一定程度上吸引、利用土壤中被固定的一些元素,研究发现,绿肥作物 50% 以上的营养来自自身的这种能力。果园生草还可以改善土壤中微生物的活动和土壤微环境,提高土壤表层碳、氮、磷的转化,加快土壤熟化。

良好的土壤结构是葡萄优质高产的土壤基础。果园植草后,草根的分泌物及留在土壤中的草根对微生物的活动十分有利,有利于土壤团粒结构的形成。土壤腐殖质的增加,可提高土壤对酸碱度的缓冲能力。

2. 生草对葡萄园环境的生态效应　果园土壤地表如缺乏植被,地表裸露会提高地表温度,在炎热的夏季,过高的地温一方面影响葡萄根系对营养物质的吸收利用,导致中午前后叶片气孔更长时间的关闭而降低光合作用。果园植草在夏季可有效地降低果园地温和近地一定高度的气温,有利于根系生长,提高光合作用,降低果实日灼病的发生,有利于害虫的自然控制。

3. 生草对葡萄生长发育的生态效应 目前,我国葡萄生产提倡行间植草、行内覆盖。葡萄根系较深,而草是浅根系的,为避免草与葡萄争夺土壤养分,在选择草的类型时,可优先考虑根系较浅的品种。此外,根据葡萄根系的向水、向肥性原理,可适当增加土壤表层的肥水供应,促使草的根系分布在地表一定的区域,减少对葡萄根系附近肥料的争夺。

八、病虫害防治

此期病虫害防治的目的是通过田间喷洒药剂提前降低害虫、病菌的数量,压低到一个很低的水平,使之将来不会造成大的危害。此时尚没有见到病虫害,但从预防的角度来说,却是很重要的时期,是全年防治病虫害的重点时期之一,应引起生产者的重视。前期的防治应始终贯彻一个"狠"字,这个问题解决了,那么后期果实的病虫害就会得到较好的控制。此期果园喷药一般在2～3次,生产上应根据不同的具体情况具体决定。

(一)2～3叶期的防治

2～3叶期是防治红蜘蛛、绿盲蝽、白粉病、黑痘病、介壳虫、毛毡病的非常重要的时期,在上年有这些病虫害发生或发生严重的地块,应采取措施进行防治。

1. 推荐使用的农药

(1)防治绿盲蝽 可使用菊酯类杀虫剂,如溴氰菊酯、三氟氯氰菊酯等,也可以选用吡虫啉防治。

(2)防治白粉病 可使用三唑类杀菌剂或硫制剂,硫制剂不但防治白粉病而且兼治红蜘蛛。苯醚甲环唑、三唑酮、氟硅唑、硫制剂等均对白粉病防治效果好。

（3）防治红蜘蛛、毛毡病 可使用杀螨剂，如哒螨灵、阿维菌素等。毛毡病防治的有效方法是及早摘除病叶。

2. 防治方法 喷药应根据上年上述有关病虫害发生的情况，结合本年春季气候而综合考量。在我国中北部地区，如果上年虫害及白粉病发生较轻，本年春季气候干燥时，也可以不喷药，但是发现白粉病时要及时摘除病叶、病梢。以上病虫在上年如发生轻微，春季葡萄发芽后如气候湿润时，可以进行一定防治。为保险起见，可以选择较为广谱型的杀虫、杀菌剂，如苯醚甲环唑对黑痘病、炭疽病、白粉病均有显著效果，可与防治绿盲蝽、红蜘蛛的药剂一起混合使用。避雨栽培时，此时应重视白粉病、介壳虫的防治。

（二）花序分离期（开花前 10～15 天）的防治

此时是防治灰霉病、黑痘病、炭疽病、霜霉病、穗轴褐枯病的重要时期，也是开花前重要的防治点，还是补硼重要的时期，对往年有缺硼症状的果园，如大小粒严重、花蕾不脱帽、花序紧等，在喷洒杀菌剂时可加入一定量的硼砂、保倍硼或其他硼制剂。对上年发生严重的病害，这时应重点对该病进行防治。此时应使用高质量、有效期较长、广谱型的杀菌剂防治，以预防多种病害的发生。推荐使用药剂的类型为"广谱型保护剂＋硼制剂"，如 50％保倍福美双（或科博、波尔多液、代森锰锌、福美双等）＋硼砂（或保倍硼）。对于上年某种病害发生严重的果园，因为田间病菌基数较大，本年在杀菌剂的选择上应重点考虑。对于避雨栽培、套袋栽培的果园，应添加防治灰霉病的药剂，如抑霉唑等。喷药后的几天内如遇到降雨，降雨过后应及时补喷。葡萄开花期是昆虫活动、授粉的时期，一般不喷药。对于缺硼严重的果园，上次喷硼 7～10 天后，应于开花前再喷洒 1 次。

(三)开花前的防治

此期是指开花前 1~3 天。防治对象同"花序分离期的防治",可使用广谱型杀菌剂＋硼制剂,如 50％多菌灵 600 倍液(或 70％甲基硫菌灵 800 倍液)＋20％保倍硼 2 000~3 000 倍液,可有效防治上述多种病害,并可有效补充硼素、防治果实大小粒。在往年灰霉病发生严重的果园,喷药时可适量加入抑霉唑、嘧霉胺、氟硅唑等。葡萄开花期一般不喷药,喷药影响授粉受精。因此,此次喷药较为必要。

第六章　开花坐果期管理

一、开花坐果期的发育特点

(一)开 花 期

开花期是指从开花至坐果这一段时期。不同品种、不同土壤类型、不同气候条件使葡萄的开花期存在一定差异。通常欧美杂种(如巨峰等)开花早,欧亚种(如红地球等)开花较晚;早熟品种一般开花稍早,晚熟品种较晚一些;同一品种中,在沙土地种植的开花会早一点,在黏土地种植的开花要晚一点;在同一土壤质地上,干旱的地块开花较早;在同一结果枝上,第一花序比第二花序开花要早 2～3 天,大多数品种开花的适宜温度为 20℃～26℃。

花期可分为始花期、盛花期、落花期。始花期一般指有 5% 左右的花开放;盛花期指有 60%～70% 的花开放;落花期是指还有 25%～35% 的花尚待开放。同一花序开放时间为 5～7 天,如果天气晴朗开花时间会缩短,花序尖端开花时间最迟。一般认为葡萄花序中部的花发育最佳,生产上常留之。在一天中,开花时间基本集中在上午 7～10 时。单朵花开放时间一般持续 15～30 分钟,最快的 7～8 分钟,最慢的甚至 1 个小时还不能开放完毕。

(二)坐 果 期

花粉落在柱头上至幼果正式形成称为坐果期。葡萄授粉可以通过昆虫进行,也可以借助风来完成授粉过程。花粉降落到柱头上,温度合适时,30～60分钟即可发芽,自花授粉过程一般24小时左右即可完成,而异花授粉要72小时左右才能完成。葡萄坐果后,果实膨大对磷、钾肥的需求逐渐增加,根系生长也逐渐加快,应及时施肥,此期是一年中最为重要的追肥时期之一。

(三)落 花 期

葡萄授粉受精后,子房一直快速增长,开花后1～2周内,子房开始大量脱落,此时被称为生理落果期。这是葡萄正常的生理特性,但是过多的落花落果是不正常的,应引起重视。我们应根据不同的品种特性,结合我们的栽培目的,有计划地通过技术手段引导葡萄保持一个合适的坐果率。

二、主要管理技术

(一)果实增大及无核化处理技术

根据无公害葡萄生产的需要,在植物生长调节剂中赤霉素被允许在生产上使用。世界上最早使用赤霉素处理葡萄的是日本,当时处理葡萄是为了防治有些品种的裂果,同时他们发现,随着处理时期的不同,分别会表现出果穗拉长、无核化、果实膨大等不同性能,经不断完善,被逐渐成功地应用到生产实践中,并产生了良好的效果。果穗处理后能显著提高果实的商品性状,赤霉素使用技术近年来在我国得到了一定发展,不同品种对赤霉素有不同的反应。目前有部分品种的赤霉素使用技术比较成熟,如醉金香、夏黑等,而绝大部分品种尚处于研究阶段,其处理时间、处理方法、处理效果是存在着明显的差异的,生产上不能一概而论。植物生长调节剂应用是一个非常敏感的内容,使用前务必提前试验,待摸索出一套成熟技术后再加以运用。

1. 果穗拉长处理技术　果穗紧凑、果粒着生紧密的品种,时常因为果粒之间过于紧密使单个果实发育不良,甚至因为过于拥挤而使果实表皮破裂并诱发其他病害,生产上时常采取拉长果穗的方法,果穗拉长后果粒着生疏松度就会增加,果实个体发育也会良好。拉长果穗的时间一般在开花前的一定时期,一般选择在花序分离期,即在果穗自然伸长之前,有的品种选择在开花前 10～15 天。如时间选择不当(如偏晚)或品种选择不当,此时处理也可能出现果实无核化的倾向,应加以注意。果穗拉长一般使用 5 毫克/升左右的赤霉素,不同品种适宜浓度有所不同。葡萄果穗拉长目前一般多采用美国奇宝,果穗拉长效果相对于其他同类产品表现较好。

2. 无核化处理技术　利用赤霉素处理果实可以诱导有核品种成为无核品种,如南方有些地区对醉金香品种进行无核化处理就是很好的实例。有核品种的无核化处理有 2 种基本模式,一种是在盛花前 2 周用 100 毫克/升赤霉素蘸穗诱导产生无核,生产中如果过早会使花穗拉长、果粒着生松软、影响果实美观。第二次于落花后 7～10 天再处理一次促进膨大。另一种是对以四倍体先锋品种为代表的方法,即在盛花末期用 12.5～25 毫克/升赤霉素浸蘸花穗,10～15 天后再重复一次处理以增大果粒。

有核品种的无核化处理要想获得理想效果,必须具备 3 个条件:一是品种要适合无核化处理;二是要合理使用植物生长调节剂;三是要进行配套栽培管理。同时把握好以上 3 个方面才会得到良好效果。品种选择是重要一关,在现有的品种中,有的品种适合无核化处理,有的则不适合。对品种的要求是无核化率要高于90％,对赤霉素的副反应轻微,如果出现木栓化、果梗增粗明显、脱粒等不良后果,则不适宜无核化。无核化后的果粒大小一般应与不处理时相似,处理效果稳定,受外界环境影响较小,如目前使用的玫瑰露、先锋等品种效果良好,醉金香的无核化处理效果较好,但也存在一些待改进的缺点。如果在同一果穗中混入大量有核果实,则会严重影响市场销售。这时如果在赤霉素中添加一定量的链霉素(链霉素是一种抗生素,能阻止蛋白质的合成)则可以大大提高无核果实率。同时,通过添加链霉素也会扩大赤霉素处理的适宜期,链霉素对花粉发芽和花粉管在雌蕊中的伸长不产生影响,但有使果实变小的倾向,应引起重视。赤霉素处理时如果浓度过高,可能在一些品种上会表现出果穗轴增粗、变硬、果实容易脱落等问题,而且处理时间越早、浓度越高时,副作用越明显。

对于采取无核化处理的品种,栽培上要进行一定配合。一般来说,树势要强,花序要大小一致、便于操作,花序要进行严格整形,适当控制产量。无核化处理可显著提高坐果率,果实提早成熟1~3周,果实变得硬脆。

3. 果实膨大处理技术 在无核葡萄上,果粒增大处理时期一般在生理落果后,这一时期大概在落花后 7~10 天。赤霉素处理时,在二倍体无核上的使用浓度为 50~200 毫克/升,在三倍体无核(如夏黑)上的使用浓度一般为 25~75 毫克/升,第二次与第一次处理时间相隔 10~15 天。

有核葡萄也是在生理落果后进行膨大处理,一般使用浓度为 25 毫克/升,目前在藤稔等品种上使用得较多。巨峰系品种因种子一般在 1~2 粒,因此赤霉素可以促进浆果膨大,但也容易发生脱粒、果柄增粗等不良现象,以优质生产为目标时尽量不使用。在葡萄生产上,为增大果粒,常用赤霉素与吡效隆混合使用。不同的品种对植物生长调节剂的反应不一样,如在藤稔品种上一般使用的浓度为 5 毫克/升吡效隆＋25 毫克/升赤霉素,吡效隆与赤霉素混合使用时选择性地混入一次即可。生产上果实膨大处理使用的植物生长调节剂及浓度一般为 25~50 毫克/升赤霉素＋5 毫克/升吡效隆,吡效隆对坐果、膨大效果显著,但副作用也明显,如降低品质、降低着色、推迟成熟、增粗果梗等,为不过分降低果实品质,吡效隆的使用浓度一般不要超过 5 毫克/升,一般只使用 1 次。

4. 促进坐果的处理技术 促进坐果的处理时期一般在盛花末期进行。赤霉素使用浓度一般在 5~50 毫克/升,一般二倍体无核葡萄使用浓度在 5~20 毫克/升,三倍体夏黑葡萄使用浓度为 25~50 毫克/升,进行果实蘸穗处理。

提高有核葡萄的坐果一般在终花期,处理浓度因品种而异,如巨峰使用浓度一般为 5~10 毫克/升,进行蘸穗处理,植物生长调节剂类药剂处理时,为提高使用效果一般应加入展着剂。吡效隆促进坐果的作用要好于赤霉素,使用浓度一般在 1~5 毫克/升,吡效隆因对果实有明显的副作用,很少单独使用,多数与赤霉素配合使用。为降低副作用,复配后的吡效隆浓度为 1~2 毫克/升。提高坐果率目前最常用的配方是 25 毫克/升赤霉素+2 毫克/升吡效隆,如这一配方仍会造成结果过密时,吡效隆的浓度也可以降至 1 毫克/升。提高坐果率的同时,也增大了果粒。

(二)落花落果的原因及防治措施

1. 落花落果的原因

(1)营养生长旺盛 在葡萄开花时期,如果新梢生长过于旺盛,将会消耗大量营养,营养生长与生殖生长的竞争,造成大量的落花落果,这在巨峰系品种上表现得比较突出,而红地球等品种则相对不敏感。所以,生产上于葡萄开花前夕对新梢进行摘心以控制生长,并且控制肥水的大量供应,以促进坐果。对生长过于旺盛的树,采取花前环剥的方法可有效地防止养分向下运输、促进坐果。但环剥宽度不能超过树干直径的 1/10。

(2)气候因素 葡萄开花期如遇阴雨、干旱、低温、高温天气时,对花器官分化和生长有严重影响,破坏正常的授粉和受精进程,甚至使胚囊中途败育,引起大量落花落果。如我国中部地区在葡萄开花期间常出现干热风,轻者影响花粉的发芽率,重者柱头失水被吹干,影响授粉受精,引起大量落花落果。如果在开花期遇到降雨,雨水会影响到花粉管的萌发,也会产生落花落果。花前应喷硼(如硼砂等),以促进花粉管生长,提高受精率。

(3)树体储藏营养不足 葡萄开花期是树体营养临界期,上年度葡萄树体储藏的营养基本用完,而当年新梢上叶片制造的营养基本上只能满足新梢自身生长需要,缺乏开花坐果所需要的充足营养,导致授粉、受精受阻。上一年秋季早期落叶、夏季管理不够规范、当年产量过高时,会引起树体营养储存严重不足,均会造成落花落果。生产上应改良土壤、增施有机肥,为葡萄根系创造一个良好的生长发育条件,夏季应及时摘心、去副梢,增强枝条的充实度,并于冬季适时修剪,提高树体的养分储藏能力,促进坐果。

(4)病害的影响 花序或刚谢花后的果穗遭受灰霉病、穗轴褐枯病等危害时,常造成落花落果。

(5)遗传因素 有些品种胚珠异常率较高,如巨峰品种胚珠的异常率达到48%左右,是造成大量落花落果的重要原因。

(6)缺硼 过分偏沙和过分黏重的土壤以及碱性土壤,花期过于干旱或低洼积水的葡萄园以及树龄老化的葡萄园容易缺硼。在缺硼的情况下,葡萄花冠不脱落,引起严重的落花落果和结实不良等现象,对这样的果园要加强花前补硼。

2. 防治措施

(1)加强果实采收后的管理 葡萄果实采收后的管理是提高树体营养积累、减轻翌年落花落果的重要措施。主要工作是防治霜霉病,保证叶片健康生长,结合叶面喷施磷酸二氢钾,促进光合作用多制造营养物质、多积累。

(2)花前摘心 开花前3～7天对结果新梢摘心、去副梢,可以暂时抑制新梢的生长,促进营养物质向花序转运,提高结果率。摘心的强度可以根据摘心的时间来调整,摘心较晚时可以重一些,摘

心较早时轻一些。对巨峰等落花落果严重的品种,可于花前 3～5
天进行重摘心。

（3）均衡施肥　落花落果严重的品种如巨峰等,开花前要控制
氮肥的过量施用,一是防治树体过分旺长,二是提高树体内碳氮
比,不但有利于减轻落花落果,而且对花芽分化有利。花前如果追
肥,一般应以氮磷钾复合肥为主,不可偏施氮肥,同时也要适当限
制水分的供应,水分供应充足也是徒长的重要的原因。

（4）花前喷硼　花前喷施 1～2 次硼肥可显著提高坐果率,一
般可喷洒 0.1％～0.3％硼酸溶液,于开花前 10 天内,每隔 1 周喷
洒 1 次。花前喷硼可结合花前果园病虫害防治喷药进行。花前喷
硼应作为葡萄园管理的基础性工作每年都要进行。

（三）果实大小粒形成的原因

1. 授粉不良　良好的授粉受精可以促使果实在其发育的过
程中成为生长中心,在受精完成后会刺激子房膨大,葡萄叶片光合
作用制造的营养物质会源源不断地运送到果实,满足其健康生长。
如果授粉受精不良,会导致果实生长发育受阻、果实变小。影响授
粉受精的因素如开花期温度过低、过高,干旱、雨水等,但影响的根
本问题是授粉不良或根本没有完成授粉受精过程。

2. 营养不良　当葡萄营养生长过于旺盛时,营养生长与生殖
生长不平衡,会加重大小粒现象的发生。锌素、硼素缺乏,氮肥过
多,供水过多时均是造成果实大小粒的重要原因。土壤中有机质
缺乏、根系生长发育受阻时,也常会出现营养的相对缺少而影响部
分果实的发育,形成大小粒。此外,如果上年度花芽分化不良时,
果实也容易出现大小粒。

第七章　果实生长发育期管理

一、定果穗

(一)定穗目的

定穗是定产栽培的一项重要措施,葡萄每 667 米² 产量目标确定后,应根据每 667 米² 地栽植的株数将产量分配到每株,再根据所栽品种果穗大小来确定单株所留果穗数量。果穗要分散选留,并保证每个果穗周围有一定的叶片数量来提供营养,满足果实充分生长和发育的需要。

(二)定穗时期及方法

在上一章已经叙述,不同类型的葡萄品种其定穗方法不同,这主要取决于各品种果穗大小及其有关特性。结果性能好、生长势弱的品种一般可在开花前定穗,在能辨别出花序大小及质量的情况下并且越早越好,目的是减少养分消耗。而对于落花落果严重、生长势较强的树,定穗时间一般在落花后 1 周左右的生理落果后进行。对这类品种如果过早定穗,有可能达不到预期产量而给生产带来损失。生理落果后葡萄果粒基本不再脱落,为节省营养,应抓紧时间及时进行。

定穗的方法可参阅"第五章发芽后至开花前管理"一章的"疏除花序及花序整形"部分。

二、果穗整理

(一)果穗整理的目的

果穗整理的目的是根据葡萄生产的具体目标,结合树体生长情况、肥水管理水平,充分考虑产量与品质的平衡,将每穗葡萄的果粒数确定在一个合适的数量,促使果粒大小均匀、整齐美观、糖度增加、果粒着生松紧适度,以提高果实商品价值和销售价格。

(二)果穗整理的时期

这项工作一般与定穗同时进行,即在葡萄的生理落果后及时进行,以减少树体养分消耗。但对于少数落花落果十分严重、树势生长非常旺盛的品种也可以适当推迟一定时间。以提高果实品质为主要生产目标时,果穗整理的时间通常在果粒较大时进行,其总糖含量增加效果会更为明显。

(三)果穗整理的方法

果穗整理工作一般应在晴天进行,不能在降雨天进行,因为果穗整理时造成的伤口如不及时愈合会有感染病菌的风险。要使每个果粒得到充分生长,必须要保证每个果粒的营养供应充足,这就要保证每个果穗附近有一定的叶片数量,并且通过摘心、去副梢等方法确保叶片制造的营养物质能满足果实发育的需要。果粒之间也要保持一定空间,有利于自身果实发育,对果粒着生紧密的品种要进行果粒疏除,以防止相互挤压造成裂果或影响果实着色。裂果后的果粒更易诱发酸腐病,在套袋情况下,裂果后的果实灰霉病会加重发生。果穗整理是在花序整理的基础上进行的,一般分为3步。

二、果穗整理

1. 果穗上下部的处理 就一个果穗来说,一般以中部果实发育较好,果穗尖端果粒一般较小。套袋时,如果上部果粒离果袋较近,不但会造成套袋操作不便,而且容易使果实贴近果袋,诱发果实日灼病。生产上一般去除上部的1～2个长度超过果穗总长1/2的小分穗(花序整理时就应该去除),果穗尖端部分去除,一般去除果穗总长的1/5～1/4,如在花序整理时已去除,此时一般不再去除(图7-1)。

除支梗　　　　　除果粒　　　　除支梗和果粒

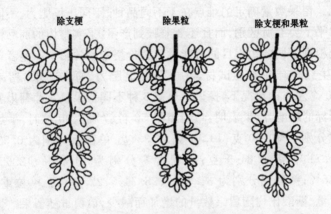

图 7-1　果穗的整理方法(胡建芳提供)

2. 疏除和整理小分穗 对于果实着生较为紧密的果穗,可疏除一部分小分穗,具体可根据紧密程度而定。一般可每隔2个小分穗去除1个。对于果粒着生紧密度适中的果穗,不进行此项工作。

对一个小分穗来说,小分穗尖端果粒相对较小,要适当疏除。根据确定的单穗留果目标,在小分穗数量已经确定的情况下,确定每个小分穗留果粒的数量,根据这一数量而确定去除小分穗的长短及所留果粒数量多少。

3. 疏除果粒 在进行上述整理后,留下来的果实如果还较为紧密,可以疏除单个果粒,以保持果粒之间的适当距离。此项工作通常较为费工，一般在高档果品生产时使用。

需要指出的是，品种不同，其果穗大小、果穗结构等有所不同，采取的果穗整理方法也应有所区别，生产上应根据栽培品种、栽培水平、栽培目标逐步摸索、灵活运用。

（四）合理负载

单穗留果数量的确定，对葡萄定产栽培、标准化生产有着重要意义。留果数量确定的难点在于不同品种、不同土壤肥力、不同管理水平下要有所区别，而且还要兼顾到产量、果实整体的商品性状以及根据不同的销售目的可能对销售价格带来的影响。笔者曾以9 年生红地球品种为试材，在中等偏上肥力、每 667 米² 留果穗2 000 个左右的情况下，探讨了单穗 3 种不同留果量对葡萄果实相关指标的影响，结果表明：单穗留果 50 粒、70 粒、90 粒时，平均单粒重分别为 10.60 克、10.14 克、9.33 克；单穗重分别为 0.53 千克、0.71 千克、0.84 千克；总糖含量分别为 13.49%、12.65%、12.36%；糖酸比分别为 31.81%、28.74%、27.27%。单粒重、总糖含量、糖酸比均随留果数量的增加而减少，单穗重随留果数量的增加而增加。3 个处理间果实表面亮白程度、红色程度相当。从产量与销售价格综合考量，以单穗留果不低于 90 粒（折合每 667米² 产量 1 680 千克以上）为好。产量的确定不是一成不变的，重要的一点是应该参考果园的土壤肥力灵活掌握，如果土壤肥力充足时，即使较高的产量也不会带来相应的副作用，但如果土壤肥力不足时，即使产量不是太高，有时也可能影响到果实的品质及给树体带来负面影响。

在相同的栽培条件下，产量增加了，不但葡萄成熟期推迟，而且易引起果实着色明显推迟、着色不均匀等。

三、果粒增大技术

葡萄果实大小是构成商品性状的重要组成部分,大果粒且果粒大小整齐的葡萄更受消费者欢迎,在市场上销售价格更高、效益更好。葡萄果粒增大与种子发育程度有一定关系,葡萄受精后,果实中的种子产生激素刺激果实膨大。

(一)果实的 3 个生长阶段

1. 快速生长期 葡萄果实的快速生长期是指葡萄第二次生理落果后(落花后 1 周左右)的一段时间,持续时间一般为 30～50 天,早熟品种时间较短,晚熟品种时间较长,中熟品种巨峰一般需要 35～40 天,此期是果实生长发育最快的时期,在此期间内,果实一般为绿色,果肉硬,含酸量迅速增长,含糖量处于最低值。多数品种此期果实生长量相当于果实总生长量的 60% 左右,需水需肥量较大,是一年中肥水需求量最大的时期,也是葡萄花芽分化的重要时期。此期最重要的工作是加强肥水管理、限制营养生长、促进果实快速生长,同时也要兼顾到促进葡萄花芽的分化。此期的肥水管理工作是避免田间过分干旱而影响果实膨大,追施一次氮磷钾复合肥,另适当增加钾肥的供应,土壤墒情不好时,施肥后应及时浇水,同时要加强对副梢的精细管理,副梢要在幼小时及时抹除,此项工作应避免前紧后松。

2. 缓慢生长期(硬核期) 葡萄果实快速生长期过后,即进入缓慢生长期,此期主要特性是果实生长出现相对停滞状态,果实质地硬化,胚迅速发育,完成各部分的分化,此期内果实有机酸含量不断增加并达到最高值,以苹果酸为主,其次为酒石酸、醛糖酸等,糖分开始积累,主要为葡萄糖,其次为果糖。一般持续 1～5 周,早熟品种时间较短,晚熟品种时间较长,而巨峰一般需要 2～3 周。

在果实生长的缓慢期,由于果实停止生长及新梢生长受限,根系生长速度更快。以套深色不透光的果袋促进葡萄果实外观质量提高时,套袋时间可在此期,于果实着色时去袋。

3. 成熟期　此期生长速度次于快速生长期,在此期间,果实逐渐变软,红色品种开始着色,黄绿色品种绿色减褪、颜色变浅、变黄。果实中的不溶性原果胶转化为果胶,使果实由硬变软,糖分迅速积累,酒石酸含量不断减少,苹果酸参与代谢、分解,一部分转化为糖和其他有机酸,另一部分在呼吸过程中消耗,持续时间一般在30～60天。早熟品种时间较短,晚熟品种时间较长。果实成熟期色素不断增加,单宁不断减少,形成各种芳香物质。葡萄果实的典型香味只在果实成熟时才能表现出来。从果实开始变软和着色时为成熟开始,直到含糖量基本不再增加时即达到完全成熟。现实生产中,葡萄很少有充分成熟才销售的,一般在基本成熟时就已经出售,尤其是早熟品种的销售更是如此。果实的增大主要发生在夜间,白天增大程度较小。

(二)果粒增大技术

1. 限产栽培　限产栽培是现代葡萄优质生长的一项重要内容,葡萄产量得到限制后,有限的营养主要集中到有限的果实上,使果实能得到充分的发育,在提高品质的同时也使果粒明显增大。限产栽培首先是限制果穗数量,根据产量要求结合不同品种的果穗大小合理安排果穗数量,对多余的果穗疏除,其疏除方法前面已述。

2. 植物生长调节剂调控　在果实的快速生长期,使用赤霉素等植物生长调节剂进行调控有显著效果,不同葡萄品种对植物生长调节剂的反应不同,有的品种用植物生长调节剂处理后增大效果明显,而有的则不明显。通常在生理落果后及时进行。有关化学调控的具体措施见"第六章开花坐果期管理"。

3. 做好果实快速生长期的肥水管理 合理的肥水管理是获得大粒的重要措施。果实开始生长期是果实生长发育的最重要时期,也是肥水管理的重点时期,此时应加强肥水管理,促进果实快速增大。从肥料方面来说,要十分重视有机肥的施用,一般在秋季开沟施入。在果实快速生长期是肥料需求最大的时期,此时应根据土壤肥力加大追肥力度,一般应追施氮磷钾复合肥并加入适量的钾肥,肥料追施后应配合浇水以促进根系吸收。根据土壤水分状况,浇水可多次进行,在浇水的同时要控制植株长势,注意做好摘心、去除副梢等工作。

4. 控制植株营养生长 在果实的生长发育期间,要注意枝条的合理摆布,以充分合理地利用光照空间,提高光合利用效率。应严格控制树体的营养生长,主要措施包括及时进行摘心、去除副梢等工作,控制营养生长,减少叶片营养运输至新梢顶端,使叶片光合作用制造的营养主要供应至果实,以促进生长发育。此时,对葡萄主干进行环剥可阻碍营养向根系运输,也是增大果粒的重要措施。

四、病虫害防治

(一)套袋时期的确定

从防治果实病害的角度出发,葡萄果穗套袋时间越早越好,因落花后的一段时间内是葡萄果实炭疽病、白腐病等的重要侵染期,套袋时间过晚对果实病害防治不利。有关试验证明,套白色果袋时,即使是套袋时间偏早对品质也没有不良影响。套袋应在葡萄生理落果(落花后 7~10 天)后的一定时期内进行,此时果穗一般不再落粒。但葡萄生理落果刚刚过后时,穗轴较为幼嫩,可能给套袋带来一定困难,由于这种原因,套袋时间也可适当推迟,但要注意对病害的及时防治。落花后至套袋前是葡萄全年病害防治最为重要的时期,要引起高度重视。

(二)落花后第一次喷药

落花后病虫害防治应在落花后及时进行,因为在葡萄开花期间一般不喷药。具体时期应参照花前喷药时期及上次喷药后的降雨情况而定,每种药剂均有一定的有效期,如保倍福美双的有效期为2~3周,在晴朗天气情况下,上次喷药后要2~3周后再进行喷药,如此期间有降雨,花后的喷药应适当提前,提前时间长短应根据降雨量大小及降雨时间长短而定。此期是重要的防治点,落花后的2次药剂防治做好了,套袋后的果实病害就会得到有效控制。葡萄落花后是防治灰霉病、黑痘病、白腐病、炭疽病的重要时期,此时以使用效果优异的广谱型杀菌剂为主(如保倍福美双、保倍、代森锰锌、科博等),同时加入广谱型治疗剂(如氟硅唑、苯醚甲环唑等),保护剂与治疗剂二者合用可得到理想效果。避雨栽培或套袋栽培时,对灰霉病较为严重的果园,可添加40%嘧霉胺悬浮剂800倍液防治,也可以添加70%甲基硫菌灵可湿性粉剂800~1 000倍液,或加入50%啶酰菌胺水分散粒剂1 500倍液。此次喷药应以果穗为重点,要确保喷药质量。

(三)落花后第二次喷药

如落花后的第一次喷药使用了保倍福美双、保倍,落花后的第二次喷药一般在第一次喷药后15~20天进行,如落花后第一次喷药10天后发生较大降雨,应于雨后及时喷第二次药。如上次喷药使用的是代森锰锌,第二次喷药应于7~10天后进行。此期重点防治目标是炭疽病、白腐病、黑痘病、房枯病等。

推荐使用的保护剂有保倍福美双、代森锰锌、保倍、科博等;推荐使用的治疗剂有苯醚甲环唑和氟硅唑等,苯醚甲环唑和氟硅唑是防治炭疽病、白腐病、黑痘病的特效药,具有一定的治疗作用,应重视使用。防治上可使用治疗剂与保护剂混合使用,可使用苯醚甲环唑(或氟硅唑等)＋保倍福美双(或代森锰锌、保倍、科博等)进行防治,本次使用的治疗剂也可与上次的交替使用,以防止产生抗药性。此次喷药要保证喷药质量,喷头雾滴要小,尽量在无风或微风天气喷药,注意对药剂的不断搅拌,药液的田间喷洒量应适当增加。

(四)套袋前的果穗药剂处理

葡萄果穗套袋由于改变了果实的生长发育环境,袋内病害主要为灰霉病,因此,果穗蘸药主要防治目标是灰霉病,同时也要适当兼顾其他果实病害的防治,如果前期防治没有到位,此时果实中有可能已经侵染了部分炭疽病、白腐病等病菌,由于套袋质量也可能存在一定技术隐患,如扎口不严雨水也可能进入袋内果实上传染危害,有时也需要对果实进行药剂保护。果穗一旦套袋,其果实病害将无法再有效防治,要十分重视药剂种类的筛选使用,在不造成果实药害及其他副作用的情况下,应适当增加药剂使用种类和使用浓度,让果实干干净净套袋,确保病害防治质量。药剂使用种类应为"灰霉病的防治药剂＋广谱型治疗剂＋广谱型预防剂"。推荐的蘸穗药剂组合为"97％抑霉唑3 000倍液(或嘧霉胺)＋20％苯醚甲环唑2 000倍液(或氟硅唑)＋50％保倍3 000倍液",也可以选用"97％抑霉唑3 000倍液(或嘧霉胺)＋50％保倍3 000倍液"2种药剂。随着时间的推移,农药的使用倍数在不断变化,生产上应加以注意。

五、果穗套袋技术

(一)套袋的意义

1. 降低果实病害的发生 葡萄果实的套袋时期是果实炭疽

病、白腐病等主要病害侵染的重要时期,炭疽病在开花期前、落花后是重要的侵染期,白腐病主要在落花后的一段时期内侵染果实。葡萄果穗套袋后,果袋阻挡了果实与外界水分的接触,降低了炭疽病、白腐病等病害对果实的侵染。

2. 提高果实外观品质　果实套袋后,袋内果实处于一个与外界环境相对隔绝的状态,袋内微环境变化较为缓慢,延缓了果实表皮细胞、角质层、细胞壁纤维的老化,同时果实可以避免外界尘埃、药剂、风雨等的污染。套袋改善了果实的外观质量,果皮变薄,果面光洁,果粉厚而均匀,果实表面颜色相对均匀,果实外观质量会得到明显改善,套袋后避免了果实发育后期药剂对果实的污染,受到消费者的欢迎,销售价格会明显提高。

3. 降低果实农药残留　果实套袋后,田间的各种药剂不能直接喷到果面,会大大减少农药的残留,是安全食品生产的重要措施。套袋后,也减少了果实病害防治所需要的农药使用次数,降低防治病害的成本。

4. 提高经济效益　笔者曾对我国中部地区红地球品种进行调查,如果果穗及时套袋,套袋后果穗病害发生率可降低 22.8%(套袋的果穗病害发生率 7.6%,不套袋的果穗病害发生率 30.4%),套袋果穗不仅减轻了病害发生,而且销售价格每千克提高 3 元(不套袋的每千克 7 元,套袋的每千克 10 元),降低农药使用次数可节约成本 180 元,葡萄果穗套袋与不套袋相比,每 667 米^2 收益可增加 6 687 元。

(二)果袋选择

1. 根据栽培品种选择果袋

(1)根据果穗大小选用果袋　葡萄套袋时,果穗紧贴果袋将会造成向阳面果粒的果面温度较高,容易诱发日灼病,影响果实品质。果穗大的品种(如红地球、红宝石无核等)要使用大果袋,以保证袋内有一定的空间,果穗较小的品种(如巨峰等)应选择偏小一点的果袋,以节约成本。

(2)根据葡萄成熟期选用果袋　果实发育期的长短决定着果袋的选择。一般来说,中晚熟品种应选用质量较好的果袋,因为这些果穗在树上挂果时间较长,要经受较长时间的风吹雨淋;早熟品种由于其果实发育期短,选择质量一般的果袋即可。

(3)对日灼病敏感品种的果袋选择　套袋后,一般来说常用的白色果袋的袋内环境更利于日灼病的发生,日灼病发生严重的品种应选择较大的果袋以增大袋内空间,这样可以减轻其发生。必要时可以采用透光率偏低的果袋,如透光率为 20% 左右的黄色袋,这样袋内光照强度降低,果面温度偏低,对防止日灼病的发生有重要意义,黄色果袋还可降低果实表面红色程度,对于我国西部红色品种着色较重的地区来说显得更为重要。为降低日灼病的发生,也可选用下部全部开口的伞形果袋,这样预防效果将更为显著。

2. 根据当地气候条件选择果袋　在降雨较多的地区,要选择耐雨水冲刷、韧性好和透光率相对较高的果袋,如白色木浆纸袋;在气候干燥、降雨量较少的地区,套袋的主要目的是为了防止农药污染、提高果品的外观商品性、生产无公害食品,质量一般的果袋即可。

3. 根据栽培方式选择果袋　在避雨栽培和其他设施栽培下,选用较薄的无纺布袋对提高果品外观及内在质量有一定提高作用,但目前多数的无纺布具有一定的透水性,只能在设施栽培下使用。设施栽培时,应选用白色袋、无纺布袋等透光率偏高的果袋,以弥补棚膜带来的光照损失。避雨栽培条件下套袋时,果袋上口不要扎得太紧,尽量保留一定的空隙,以保证袋内较高的温度可以及时上升排出袋外而降低袋内温度,这样可以有效地降低袋内果实日灼病的发生。同一栽培方式下,幼龄树日灼病发生偏重,应尽可能选择黄色袋等透光率低的果袋。

(三)套袋时间

1. 以防治果实病害为目的　套袋前7～10天全园应进行一次高质量的喷药防病。套袋前果穗的药剂处理也应确保质量,一般2～3种杀菌剂(防灰霉病药剂＋广谱型治疗剂＋广谱型预防剂)混合使用,前面已有详细论述,套袋要等待果面干燥后进行。以防治果实病害为主要目的时,在生理落果后、果穗整理结束时,越早套袋越好,因为落花后的一段时期内是炭疽病、白腐病侵染的重要时期,在此之前如能及时套袋,可避免这些病菌的侵染。此时套袋也应兼顾到穗轴生长发育情况,因为过早套袋,有些穗轴过于纤细要适当注意,避免造成伤害,套大袋时更应注意,如果穗轴过于弱小,可适当推迟套袋时间,但一定要抓好套袋前的病害防治。在果粒相对较大时,套袋要避开高温天气,在一般天气下,尽量早晚套袋,即上午10时前、下午4时后进行,这样可以减轻日灼病的发生。因为套袋后袋内环境的突然变化(如气温升高、空气流动性降低等)会诱发日灼病的发生。套袋也应避开雨后突然变晴的天气,有关研究表明,此时套袋果实日灼病发生严重,最好在雨晴后1～2天进行。禁止在雨水中套袋。

2. 以提高果品外观质量为目的　以提高果品外观质量为目的的套袋时间可选择在果实硬核期进行,此时套袋不会对果实的质量造成影响。近年来,在一些地区于硬核期套透光率几乎为零的深色袋,果实开始上色或变软时解除果袋,对提高果实着色的均匀度、光洁度等效果显著,各地可在摸索出经验后使用。不透光果袋对果实的大小、品质有严重影响,一般不能在果实发育期全程使用,但果实的硬核期果粒一般生长缓慢可使用,操作时应严格掌握时间。

(四)套袋方法

1. 操作规程 套袋前,将有扎丝的一端5～6厘米浸入水中数秒,使纸湿润软化,便于操作。套袋时,用手将纸张撑开,使果袋整个鼓起,将果穗放入果袋内,再将袋口从两侧收缩至果穗轴上,集中于紧靠新梢的穗轴最上部,将扎丝拉向与袋口平行,将金属扎丝转1～3圈成螺丝状扎紧即可。套袋时重要的一个环节是将上口扎紧,防止水分从这里流入袋内感染病害,袋内果实这时如果感染病害,由于不能喷药防治将会造成大的危害,这一技术环节应引起重视。套袋较早时,穗轴较为纤细,为防止伤害,这时也可将袋口绑在穗轴着生的新梢上。

套袋时,果袋上口尽可能要远离果穗,更不能紧贴果穗上部,以减轻果实日灼病的发生,这在红地球等日灼病敏感的品种上更应引起注意。在设施栽培条件下套袋时,果袋上方口可不必扎得太紧,必要时可以适当放松甚至有一定开口,这样可以保证袋内热空气放出而降低袋内日灼病的发生,也可以促进果实发育。

2. 注意事项 果穗用药剂处理后,要待药剂干后及时套袋。套袋时,尽量避免用手触摸、揉搓果穗。对穗轴较为纤细者操作时更应慎重。

六、果实生长期的肥水管理

(一)肥水管理的重要性

葡萄的快速生长期是指从葡萄生理落果后(一般落花后7天左右)的一段时期,一般持续30～50天,根据不同成熟期的品种有不同的变化。此期果实生长发育最为迅速,果实生长达到总重量的60%左右,也是果实细胞数量增加及增大的重要时期,此期的主要特点是果实需肥量大,如果缺肥将会导致果实变小、产量降低、品质下降等一系列问题,是全年追肥最为重要的时期之一。

(二)施肥时期

葡萄果实的生长发育期出现 2 次生长高峰,一次是在落花后30～50 天以内,为果实的快速生长期。第二个生长高峰是果实的成熟期,红色品种称为着色期,是从果实变软(红色品种果实开始着色)开始。而 2 次生长高峰中间的时期生长较为缓慢,称为缓慢生长期,也称为硬核期,此期持续 1～5 周,即早熟品种 1～2 周,中熟品种 2～3 周,晚熟品种 3～5 周。

施肥时期应根据上述葡萄果实生长特性并结合生产目的进行。在葡萄果实的快速生长期应以加速果实膨大为主要目的,在果实成熟期应以提高品质为主要目的。葡萄的第二次生理落果期出现在落花后 7 天左右,也就是说落花后 7 天左右葡萄果粒基本不再脱落,此后果实进入快速生长期,需要肥料量逐渐增加,肥料应在此时开始发挥作用,因此,第一次追肥时期应在此时及时进行。考虑到速效肥料在土壤中要有一个转化过程,即使速效氮肥也需要几天时间,从理论上来讲,施肥也可以提前几天。果实生长期的第二次追肥应选择在果实开始变软(红色品种开始上色)前的果实缓慢生长期进行,中熟品种一般在落花后 40 天左右,晚熟品种一般于落花后 50 天左右,此时果实较硬,早熟品种及限产栽培的中熟品种第二次施肥可以省去。

(三)施肥方法

葡萄根系吸收养分的是幼小的根毛部分,施肥也应到达葡萄根系较多的地方,这样才能使肥料被有效利用。施肥方法主要应掌握好施肥的部位、开长条沟、开沟的深度 3 个主要环节。施肥部位应与主干保持一定距离,习惯上施肥总是选在距离主干较近的地方,成年结果树的根系多分布在离主干较远一点的地方。建议施肥前在田间选择1~2株树进行根系分布的观察,以便于掌握好施肥的部位与深度。

在葡萄果实膨大期追肥时,一般沿定植行挖条状沟。施肥沟一般宽30厘米左右,距葡萄树的距离一般应根据树龄确定,在我国中部地区,一般土壤条件下,定植后当年为30~40厘米,定植后翌年为50~60厘米,定植后第三年进入丰产期,此后距离可保持在60~80厘米。2次追肥可分别开挖条状沟将肥料追施在树行的两侧。沟的深度应以刚见根为宜,以保证施肥在根系的上部,通过结合浇水,肥料适当下沉可最大限度地被吸收利用,此时过多地断根影响果实生长发育。我国中部地区一般肥力的地块深度可在20~30厘米,刚定植的小树根系分布偏浅,施肥深度可保持在15~20厘米。此外,与土壤条件也有很大关系,可根据不同的土壤条件、不同的地块灵活掌握。肥料只有与浇水紧密结合才能达到理想的效果,施肥要在土壤潮湿时进行,或施肥后及时浇水,否则利用率会降低。施肥应注意的问题是,钾肥因流动性较强应施在根系上部,磷肥因流动性极差应注意施在根系部位或根系今后能够到达的部位,而氮肥的施用要注意适当深施以减少挥发浪费。

(四)施肥的种类及施肥量

1. 果实快速膨大期追肥的种类及施肥量   生理落果后开始的果实快速膨大期是葡萄吸收氮、磷、钾肥最多的时期,此次追肥必不可少。一般来讲,此次施肥以氮磷钾三元复合肥为主,并适当加入硫酸钾。或一次性地选择高钾型复合肥,即含钾量超过磷和氮含量的复合肥。此时钾肥不仅可以促进果实的生长发育,同时还可以起到促进花芽分化的作用,因为此时也是葡萄花芽分化的重要时期。

一般肥力的葡萄园,施肥量每667米^{2}用氮磷钾三元复合肥

40～50千克、硫酸钾10～20千克,应根据植株不同的生长情况进行调整,要"因树施肥"。对长势偏弱的树,此次施肥可加入5～10千克尿素,生长中庸或偏旺的树不加尿素。施肥后应及时浇水,在果实膨大期是肥水需要量较多的时期,土壤干燥时应注意浇水,以促进根系对土壤养分的吸收利用。在我国相当多的葡萄园存在氮肥施用超标的问题,不仅影响到果实品质,而且对花芽分化不利,追肥时要加以注意并控制氮肥的过量使用。

2. 果实成熟期追肥的种类及施肥量　此期追肥的主要目的是促进果粒膨大,提高含糖量、果实风味及外观品质。早熟品种、极早熟品种由于果实发育期较短,此次可不追施。但对于结果量偏大、产量过高的果园可追施。中熟品种、晚熟品种应该追肥。追施时期应选择在硬核期,早熟品种一般掌握在落花后30天左右,中熟品种在落花后40天左右,晚熟品种在落花后50天左右。

在一般肥力的葡萄园,此次追肥标准可掌握在每667米^{2}施硫酸钾20～30千克,加入高钾含量的氮磷钾三元复合肥10～15千克,追施钾肥的目的在于促进增糖,钾肥对成熟期果实糖分积累有显著提高效果,根据土壤肥力与结果量灵活掌握。施肥后应及时浇水。此次浇水后应控制水分,促进糖分积累和着色。在果实的成熟期,如果葡萄植株不是生长势太弱,一般不用补充氮素,以避免果实含糖量下降,影响着色等。

(五)叶面施肥

1. 叶面施肥的意义　叶面施肥是将肥料的水溶液喷洒到叶面上,通过叶片的气孔和角质层渗入到叶片内而被吸收利用。叶面施肥能够及时地补充果树生长发育所急需的营养成分,这对于营养元素严重缺乏、生长势不太良好的树尤为重要。叶面施肥肥效快,一般在2～3个小时内养分即可被吸收利用,3～5天就可以表现出来。叶面施肥可提高肥料利用率,减少因土壤施肥被固定和淋失的损失,如磷肥的使用效率会明显提高。

2. 叶面施肥的时期与方法　葡萄叶面肥的使用一般在开花前使用1～2次,主要补充硼、锌肥,以防止果实大小粒、防治落花落果为主;在果实生长发育期补充2～3次,以促进果实的生长发育;果实采收后一般及时补充一次磷酸二氢钾,以恢复树体营养。

叶面肥通常与田间喷药同时进行,可节省成本。一般来说,农药与碱性物质混合使用会降低药效,在叶面肥与农药混用时,应了解所使用的叶面肥是否可以与所使用的农药混用。如田间喷药方便且生产急需时,也可单独使用叶面肥。因叶面肥所含的有效成分不同、目的不同,其使用倍数也不尽相同,应根据使用说明严格掌握,防止对叶片产生危害。

七、提高葡萄品质的措施

葡萄品质包括内在品质和外观品质,优良的内在品质主要包括高含糖量、无籽或少籽、果皮无涩味、浓郁的香味等;优良的外在品质主要包括穗形美观、松紧适度、果粒大而整齐、颜色鲜艳均匀等。优质是现代葡萄生产的重要内容,是生产精品水果、满足高端市场、创造优质品牌的基础性工作。要达到葡萄的优质化,重点要做好以下几方面工作。

(一)限产栽培

限产栽培是现代葡萄生产的重要内容,也是葡萄优质化生产所大力倡导的。限产栽培是根据优质化、品牌化的生产目的,将葡萄产量限定在一定的范围内,产量过高不仅不利于品质提高,而且也会对树体的抗逆性带来一定影响。当葡萄生产处于有多少花序开花就保留多少果穗时,不仅造成品质下降,而且会因树体营养大量透支而大幅度降低其抗逆性,遇寒冷天气等不良环境时会造成伤害甚至植株死亡。因结果过多而品质降低主要表现为含糖量及风味下降、成熟时着色不均匀等。

与限产栽培相配套的是单位面积内保留一定数量的果穗,疏除小穗、发育不良的果穗,保留健康的、发育正常的果穗。每穗果应保留一定数量的果粒,通过去除副穗、穗尖、小分穗等措施,达到穗形美观、松紧适度、果粒大小一致的目的。在果实着色期,通过对果穗、果粒的疏除,对所保留下来果粒的增糖效果将更为显著。

(二)适时采收

果实采收期对果实的品质有重要影响,过早采收会降低果实品质,限制含糖量的提高,因此要根据不同的销售目的而适时采收,适当推迟采收是获得葡萄质优的重要措施,在中、晚熟品种栽培中更应该适当推迟采收,以保证果实的优良品质。

(三)果穗套袋

果穗套袋后,主要提高了果实的外观质量,如果实外面有一层果粉,果粒着色内外较为均匀,去袋几天后颜色更美,套袋葡萄没有喷药造成的果面污染。这些外观特征将会提高果实的销售价格,加之套袋葡萄减少了药剂的污染,是绿色食品,更受消费者欢迎。

(四)施足基肥

秋季施用有机肥是提高果实商品性的重要措施,有机肥肥效全面,对果实品质的提高作用明显,尤其以羊粪、鸡粪、饼肥等更为显著,不仅可提高含糖量,而且对果实外观质量也有明显的提高作用。

(五)增钾控水

在葡萄果实发育期增施钾肥,尤其是在硬核期开始增施钾肥,对葡萄果实含糖量的提高作用明显,因为果实增糖主要是在成熟期开始进行的。成熟期适当控制水分的供应利于次生代谢,对促进果实糖分积累、促进着色、提高风味有重要作用。

(六)主干环剥

主干环剥也时常被用来提高果实的品质,一般含糖量可提高1度以上,且果实着色整齐、成熟期提前。以提高品质为目的时,理想的环剥时期一般在硬核期,早熟品种一般在开花后 40 天左右进行,中熟品种一般在开花后 50 天,晚熟品种一般在开花后 60 天,而极晚熟品种或较晚采摘的晚熟品种其环剥期一般在开花后 70 天左右。

环剥的宽度一般不能超过干粗的 1/10,切口不能伤及木质部,否则有引起全株死亡的可能;环剥后用塑料膜包好环剥口,避免害虫伤害而造成死树;环剥后要及时浇 1 次水,以加速环剥口的愈合;植株生长势偏弱时不宜环剥。

(七)去除老叶

在果实开始进入成熟期时(红色品种开始上色),中晚熟品种要去除枝基部 2~3 片老叶,一是可以节省营养促果实生长发育,二是老叶去除后可促进果实着色。

(八)疏除不良果粒

果实销售前,要去除果穗上的不良果粒,如病粒、小粒及其他发育不良的果粒,保持果穗上的果粒均匀一致,给消费者良好的观感。

(九)选用优质品种

选用优良品种是获得优良质量的关键措施。而风味好、品质优是葡萄产业今后的发展方向,对准备发展葡萄和准备更新葡萄的人来说,通过实地观摩是鉴别品种优劣的有效措施之一。

八、裂果的原因及预防措施

生理裂果一般多发生在果实成熟期,即果实开始变软,红色品种发生在果实开始着色的时期。

(一)品种问题

影响裂果的主要原因之一是品种问题,不同品种抗裂性有明显不同。常见的有裂果倾向的早熟品种如乍娜、香妃、郑州早玉等,果实生长发育期如水分管理不当极易产生裂果,果实裂开后如处理不及时,在裂果处还会诱发其他病害。而抗裂性强的品种如巨峰、红地球等,即使在肥水管理较为粗放时,仍很少见有裂果现象。生产上要慎用有裂果倾向的品种,尤其是在没有浇水条件的地方更应注意。采取避雨栽培或其他设施栽培时,可显著降低裂果,此时具有裂果倾向的这些品种可以采用。

(二)水分管理失调

在葡萄果实生长前期(快速膨大期),如果土壤过于干旱,果皮伸缩性较小,进入转色期后,如遇较大的降雨或浇水较多,果粒中水分骤然增多,膨压增大,由于果皮的伸展性较小,易发生果粒顺着果刷方向纵向开裂的现象。葡萄落花后 1 周左右,果实出现一次生理落果,此后,果实即进入快速膨大期,此期应加强水分管理,保持土壤适当的水分供应,对有裂果倾向的品种此期可小水多浇,这样即使在果实成熟期遇到雨水,其裂果也会大大减轻。在前期水分供应均匀情况下,裂果会大为降低。

（三）果粒着生过于紧密

植物生长调节剂在果实发育不同时期使用时会产生不同的效果，葡萄开花后，大部分果实都会脱落，只有少部分保留下来，在开花期如果使用植物生长调节剂处理，可以大幅度降低果粒脱落、提高坐果率、增加果实密度，在生理落果后如再进行膨大处理，可以显著增大果粒，进一步减少果粒间的空隙，但常会造成果粒相互拥挤而极易产生裂果。对于使用植物生长调节剂处理的果穗要加大疏果力度，必要时也可以在开花前的一定时期使用植物生调节剂处理，来拉长果穗以避免果实过于紧密。

（四）缺　素

土壤缺钙、硼、钾等元素时，往往会加重裂果。生产上应注意多施用有机肥，避免缺素现象出现，必要时进行个别缺少元素的补充，通过叶面喷洒是补充这些元素的有效措施之一，见效快、效果好。

九、防治日灼病

葡萄日灼病是在我国各葡萄产区广泛发生的一种生理失调症。在露地栽培、避雨栽培、套袋栽培等各种栽培方式下均有发生，尤以干旱、半干旱地区发生更为严重。日灼病的发生与温度、光照密切相关，果面高温与太阳辐射是导致其发生的直接原因。

（一）日灼病的种类

1. 日伤害型　日伤害型日灼是在较高气温的基础上，由强光照射诱发的，当果穗周围的气温达到一定数值时，即使没有阳光直接照射，果实也会产生伤害，常被称为"日烧病"。其症状发生部位主要在阳光直射面。果穗基部果粒发生较为严重,果穗的中下部果粒发生较轻。症状起初是果实的下表皮及果肉组织开始变白,而后变褐,症状开始一般出现在果粒的中部,严重时症状向果梗部位蔓延,随后因失水而使果实出现凹陷、皱缩等症状。叶片发生日灼时,叶片边缘部分干枯。叶片日灼发生的原因是高温和强烈光照,更主要的诱因是高温基础上的强烈光照。

2. 热伤害型　热伤害型日灼的发生主要是由高温诱发的,当果穗周围的气温达到一定数值时,即使没有阳光直接照射,果实也会产生伤害,常被称为"气灼病",主要是由白天地面热辐射产生的较高气温而诱发,往往越是靠近地面的果实日灼病越严重。发病初期果实表皮无明显症状,果肉先变成褐色坏死状,然后果皮变成浅褐色,随之果肉凹陷、干缩。发病较轻者病粒多出现在果穗外围,呈散生状,分布不规则,不仅可发生在阳光直射面,而且果穗的上下左右均有症状产生,但仍以阳光直射面最重,日灼病后期的果实不易脱落。试验表明,热伤害型日灼病发生时的果面临界温度一般高于日伤害型3℃～5℃,热伤害型症状常见于高温干旱的天气,过高的气温及光照常引起较大面积普遍发生。套袋葡萄果实发生更为常见。

(二)防治措施

1. 提高结果部位　尽量选用棚架、"V"形架等架式,以提高结果部位,避免因果穗离地太近产生较高的果面温度而诱发日灼病。尤其是像美人指、红地球、黑玫瑰等易发生日灼病的品种,在干旱地区、沙质土壤更应适当提高干高。

2. 增加植被避免地表裸露　在葡萄行间生草(如苜蓿、茗子、三叶草等),行内覆盖秸秆,以降低地表裸露,白天即可减少阳光对地面的直接照射,降低地面温度与果穗周围气温,改善该病发生的田间小气候,又可减少地面水分蒸发,保持土壤合适的水分,利于根系对土壤养分的正常吸收,可显著降低日灼病的发生,而且还可以增加土壤有机质含量。在干旱地区、沙质土壤上更应注意增加地表植被、地面覆盖。

3. **加强肥水管理** 对土壤干燥的地块,应及时浇水,尤其对易发生日灼病品种和处于快速膨大期的果实更应加强管理,因为葡萄果实的快速生长期是日灼病发生的敏感期。我国中部地区日灼病的大发生往往出现在麦收刚刚完毕之后,此时地表裸露、天气干燥、气温较高,葡萄果实正处于快速生长期。因此,在临近麦收前对果园浇水,是防止日灼病发生的关键措施之一。浇水要选择在地温较低的早上和傍晚进行。改善土壤结构,深翻土壤结合施用有机肥,提高土壤的保水保肥能力。氮、磷、钾肥要合理搭配使用,避免过多使用速效氮肥,特别要重视钾肥的施用。

4. **培养合理树体与叶幕结构** 保持枝条的均匀分布,保持一定的新梢密度,及时摘心、整枝、缚蔓等。对于生长较弱的树体,可以通过增施肥料进行改善,使叶片更为肥厚,以提高叶面积系数,降低果实接受到的光照强度。对日灼病敏感的品种,可将结果部位及相邻部位的副梢留一定叶片后摘心,这样既不至于发生冠内郁闭,又能有效地降低果穗周围的光照强度,减轻日灼病的发生,还能增加功能叶、增强光合作用。对北方尚采取篱架式栽培的果园,要注意选留部位较高的果穗,保持果穗下部一定的叶片数量,降低果穗裸露、防止下部果穗接受长时间的太阳光照,特别要尽量避免中午 12~14 时太阳光照,以降低日灼病的发生。

5. **加强田间通风** 在葡萄园四周,尤其是夏季主风口和背风口方向尽量不要有高大的围墙或明显挡风作用的篱笆,葡萄树行间不要种植高秆作物;要加强夏季管理,控制氮肥的过量使用,以避免植株过于郁闭,改善田间通风条件,可有效降低果面温度,减轻果实日灼病的发生。

6. **套袋栽培** 果袋种类的选择对日灼病的防治很重要,对易

117

发生日灼病的品种建议选用透光率相对较低的果袋,如透光率20％左右的黄色袋等,可有效地降低日灼病的发生。在避雨栽培条件下,果袋的上口可保留一定空隙,以促进热空气上升到袋外,必要时也可以采用透气性好的无纺布袋。采用下口全开的伞形果袋对防治日灼病发生效果显著。尽量采用尺寸较大的果袋,套袋前应加强对果穗的整理,可适当疏除上部分穗或歧肩,保持果袋与果穗上部的果实有一定距离以避免果袋紧贴果穗而造成果面温度过高。除袋最好选择早上温度较低时进行,不要在中午高温强光天气时突然去袋。

7. 预测预报 要加强预测预报工作,尤其要加强对易发病品种及处于快速膨大期的果实日灼病的预测预报工作。日灼病预警的环境条件为:晴天、高温、无风、干燥的土壤条件(尤其是无植被的沙质地表)。

十、促进葡萄花芽分化的措施

(一)肥水管理是基础

肥水管理是促进葡萄花芽分化的基础。生长势过弱或过强时,都不利于花芽分化,实际生产中应通过肥水管理,使植株生长势健壮、中庸。

1. 施肥管理 均衡而充足的养分供应是葡萄植株健壮的基础。每年的基肥施用时期,早中熟品种应于果实采收后及时进行,晚熟品种应于果实采收前进行。羊粪、牛粪和鸡粪是优良的基肥,施用时适当加入氮磷钾三元复合肥。基肥应开沟集中施用,每667 米^2 使用量可根据施肥种类而定。使用羊粪时,每667 米^2 可使用2～3 米^3。如使用鸡粪作基肥,应充分腐熟后使用,鸡粪最好与牛粪、羊粪混合使用。施用基肥时,每667 米^2 可加入氮磷钾三

118

元复合肥 20～30 千克。

春、夏季追肥主要以氮磷钾三元复合肥为主，以促进健壮而中庸树势的形成，重点在葡萄落花后 3～7 天内及时施入，一般肥力的地块，每 667 米² 可施入 40～50 千克氮磷钾三元复合肥，并加入 20 千克左右的硫酸钾，施肥标准可以根据不同肥力的地块进行调整。此次施肥在促进果实迅速膨大的同时，有促进花芽分化的作用，增施钾、磷肥对促进花芽分化作用明显，应引起重视。

2. 水分管理　果实膨大期需要大量肥水，应加强浇水施肥，以促进果实快速膨大。但田间应建立完善的排水设施，避免积水，此期田间如遇连续多日的积水会严重影响葡萄的花芽分化。必要时，行与行中间也可以开挖排水小沟，保证田间雨水可以及时排出。在此之前田间氮肥不能过量使用，否则此期浇水后容易引起新梢徒长而不利于花芽分化，均衡而全面的营养供应不会引起徒长，也是花芽分化所必需的土壤条件。

（二）新梢管理是关键

新梢管理是促进花芽分化的关键措施。也就是要加强摘心等工作，以控制营养生长、促进花芽形成。前面已述，培养健壮而中庸的树势是葡萄花芽分化的基础，当新梢生长势健壮、中庸时，花芽才能够更好地分化。对于预备枝要通过摘心的方法控制生长，这是促进花芽形成、保证翌年丰产性的关键措施。摘心时期一般在开花前 3～5 天，以后每隔 3～4 片叶摘心 1 次，连续多次进行，结合晴朗天气，花芽分化在一段时间内即可顺利完成。对结果性较差的品种，也可以根据叶片数量决定摘心时期，对没有着生果穗的预备枝，当其长至 4～6 片叶时（即冬季修剪时计划选留的长度）摘心，以后每隔 3～4 片叶反复摘心。冬季从第一次摘心处修剪，其下第一芽萌发的新梢作为结果枝，一般情况下可确保其丰产性。

对定植当年的幼树主蔓摘心，可以大幅度提高翌年结果量。

以"V"形架整形为例,对主蔓实施连续摘心,可促进主蔓花芽分化、大幅度提高翌年产量。摘心时主蔓叶片数量选留可根据植株生长势灵活掌握。定植当年幼树可适当加大氮素的使用量,促进旺盛生长,为摘心打基础,同时也可以促进当年成形。

(三)后期管理是保障

要重视果实采收后的树体管理,它是促进葡萄花芽分化的保证。此期应减少养分消耗,促进积累,加速营养物质的回流,对花芽质量有明显提高作用,对翌年果穗大小、果粒大小、品质形成有一定促进作用。其理论依据是翌年春季发芽后的葡萄新梢,前期的营养供应大部分来源于体内的营养积累,也是决定当年产量和品质的基础,因此要加以重视。在葡萄果实采收后,可及时喷施1~2次磷酸二氢钾溶液,给虚弱的树体及时补充营养。注意对霜霉病及其他叶片病害的防治,防止早期落叶。保护叶片是此期田间管理的重点。冬季修剪时期应在落叶1个月后及时进行,以保证上部枝条营养物质向下部的回流,使树体达到最大程度的营养积累,以促进翌年新梢健壮生长,为果穗的生长发育奠定良好的基础。

十一、果实成熟期去老叶

当果实发育到成熟期时,结果枝最下部叶片开始老化、变黄,生理上表现为叶片光合作用制造的营养物质满足不了自身呼吸作用等方面的消耗,出现营养物质负增长。此时去除最下部2~3片老叶,对于促进果实着色、改善田间通风透光条件、促进果穗生长发育等具有重要意义。有条件的地方,在果实采收后也要经常进行下部老叶片的去除工作,以减少养分消耗、促进积累。

十二、避免田间积水的措施

　　起垄定植在南方应用较为普遍,即定植行高出地面一定距离,起垄的高度因种植地点所在地理位置及年降雨量不同而决定,在年降雨量较大的地区,垄可以适当高一点。即使在我国中部地区,起垄栽培也应该成为一种选择,定植行可适当高于地面,以减少雨季水分对根系的影响。从葡萄的发源地的气候条件结合世界优质葡萄生产来看,葡萄生长发育需要的是一个相对干燥和阴凉的环境条件,满足这样一个环境条件时,葡萄就会得到较好的发育,获得理想的效果。

　　在雨水较多的地区,葡萄行间应开挖 1 条小沟以便排水,一般沟宽度 20～30 厘米、深 20～40 厘米,以确保田间水分及时排出。园地周围也要开挖对应的排水系统,以使行间多余的水分能及时排出而不会造成田间积水。另一方面,行间排水沟如果开挖较深,会起到断根作用,从一定程度上限制了根系的生长区域,对优质葡萄生产具有一定意义。开挖排水沟后的田间水分保持,可以通过滴灌和地面覆盖等方法进行,如覆盖地膜、田间覆草等。

第八章　果实采收与贮藏

一、采前准备工作

(一)去除果袋

在采收前 5~7 天去除果袋,主要目的是促进果实进一步着色,提高品质。果穗去袋后,在去袋后的 1 周内光照可促进果实较快着色,透光率低的果袋着色将更为迅速。但去袋后如遇雨水,容易感染病害使果实腐烂,要加以注意。另外,去袋后也容易遭受鸟害。因此,去袋时间的选择一是要考虑到采收期的确定,二是考虑到去袋后几天内的天气情况。对于绿色品种、果实着色良好的品种也可以边去袋边采收。

(二)摘除裂果、烂果

果袋去除后,有些果穗可能出现灰霉病、裂果、烂果等问题,这些问题会影响到葡萄的销售价格,必须及时去除。果粒摘除时一般使用较小的剪刀,并将摘除的果粒集中深埋。为配合销售,此时也可以将影响果穗美观和销售价格的过小果粒等一并摘除,并对果穗适当整理等待销售。

二、适时采收

葡萄采收期的确定主要应根据果实的成熟度、目标市场情况

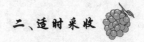

而定,同时应兼顾到果园的长远发展、让顾客满意、优秀品牌的创立等目标。

(一)根据不同品种确定采收期

一般来说,早熟品种应适时早采收,以争取果品尽早上市,以获得较理想的价格;中熟品种可适当推迟或提前采收,最好避开巨峰等品种集中上市期;晚熟品种一般应推迟采收,因为随着时间的推迟,葡萄的销售价格一般处于上升趋势。大部分品种如过分推迟果实采收,植株体抗冻害性能显著降低,花芽分化会受到影响,在晚熟品种上表现得较为突出。有些中晚熟品种如过分推迟采收果实可能会出现一些问题,如红地球推迟采收时,果实失水较为严重等,生产上应根据实际情况具体掌握。在一些面积较大的早熟品种生产区域,尤其是设施栽培情况下,果农为了争取较高的销售价格,常出现过早采收、过早上市的现象,使产品质量得不到保证。以合作化或其他集体形式对市场统一管理是解决这一问题、提高销售价格、增加果农收入的重要途径,也是目前各地葡萄产区存在的突出问题,应加以重视。

(二)根据不同销售目的确定采收期

销售目的不同其采收期有所差别,以销往外地、远途运输时,果实应以 7～8 成熟采收较为适宜,以提高贮运性;在城市郊区和高消费地区,以采摘观光为目的时,最好待果实充分成熟时销售,以发挥品种特性,创建优质品牌;在当地有些品种栽培面积较大时,时常会出现产品集中上市而造成价格一时较为低下的现象,适当避开当地销售高峰期也是获得较高收益的重要途径。

三、分级与包装

(一)果穗修整分级

1. 果穗修整　为了提高葡萄等级,使果品档次得到提高,以获得良好的销售价格,果穗在分级之前要进行基本的修整,以达到外观整齐美观。修穗的主要工作是把果穗中与果穗整体不够协调的小果粒、青果粒、病虫果、裂果等去除,对果穗整形中没有去除的副穗或歧肩等进行修饰、美化,果穗修整与分级应一次进行完毕。

2. 果穗分级　分级是将大小基本一致、颜色基本一致、性状基本一致的果穗放在一起,包装在一个箱中,这样可以提高果实的销售价格。

(二)果实包装

葡萄果实较软,挤压容易产生伤害,通常果实包装箱一般以装单层为好,高档水果还要进行单穗包装,根据包装箱大小,每箱固定一定的果穗数量,这样显得较为整齐、档次较高。装箱太紧、太松、多层装箱都不适宜贮藏。尤其是在冷库贮藏时更应该注意。

四、贮藏保鲜

(一)入库前的准备

葡萄入库前 2～3 天,库内应达到果品要求的贮藏温度,果实在采收后 6 个小时之内要进入冷库,防止在外停留时间过长而造成果实在贮藏期间出现脱落现象等。

(二)预冷及温度控制

葡萄放入冷库后,要对果实预冷,即在果实包装箱及包装袋敞开的情况下对果实降温,因为此项工作较占用空间,所以每次预冷量不超过总量的 10%～15%,要分批进行。一般预冷时间应掌握在 24 小时左右,一般不超过 48 小时。预冷后果穗扎紧袋口封箱进入正式贮藏状态。一般冷藏温度以 $-1℃～0℃$ 较好,以保证袋内不结露、不出现水汽。

(三)贮藏期间容易出现的问题

1. 掉粒 果穗掉粒是贮藏中常见的现象之一,与品种有很大关系,如巨峰品种容易掉粒且较为严重;经过植物生长调节剂处理的果穗容易掉粒;果实采收后,如果在外界停留时间过长,容易掉粒。

2. 腐烂 葡萄果实贮藏期间的腐烂主要是由灰霉病造成的,病菌主要是成熟期侵染或通过伤口侵染。防止贮藏期间灰霉病的主要措施包括:田间灰霉病的正常防治、库房消毒、采收前对果穗进行保鲜剂处理、采收后防腐保鲜剂的使用等。

3. 果实褐变 葡萄果实贮藏期间,果梗、果肉容易发生褐变,红色品种果实褐变表现为色泽变暗,绿色品种表现得更为明显。果梗褐变的主要原因是果梗太细、气体伤害、早霜冻等。此外,预冷时间过长,塑膜太薄时均易产生果梗褐变。果肉褐变的原因为灰霉病、冻害、衰老、气体伤害等。

4. 二氧化硫伤害 二氧化硫伤害常见于果皮出现漂白色,多发生在着生果梗的果皮周围,一般来说,欧美品种较耐二氧化硫,而欧亚种对二氧化硫耐性较差,贮藏时应根据不同品种使用不同剂量。当果实质量较差、含糖量偏低时易产生伤害,果实有伤口时发生伤害严重。保鲜剂使用量偏高时,果实易产生伤害。果袋内湿度较大,果箱内严重结露时易产生伤害。为防止二氧化硫伤害,贮藏前最好进行一定的试验,待摸索出一定经验后再大量使用。

125

第九章　果实采收后的田间管理

一、及时施基肥

(一)有机肥的施用方法

有机肥需要经过腐熟之后才能使用。有机肥料所含养分为有机物质,这些有机物质必须在微生物的参与下才能转化为容易被植物吸收的养分;有机肥料中往往含有病菌、害虫等,腐熟过程产生的热量对其有一定的杀灭作用。非腐熟的有机肥施入土壤中时,肥料发热产生的热量对葡萄根系有一定伤害。因此,生产上的有机肥使用要彻底腐熟后进行。微生物的活动与氮素含量有一定关系,在有机肥的分解过程中,适当加入一定量的氮肥对其分解有促进作用。

(二)基肥施用时期及方法

1. 基肥施用时期　早熟品种园基肥的施用时期以果实采收后立即进行最为合适,晚熟品种在果实采收前施用为好,主要考虑的是开沟时产生的断根,在冬季来临前能得到有效地修复,翌年春季发芽时,所施基肥即可得到有效利用。晚熟品种如采前施肥不便,采收后应及时施入,不可拖延时间。在葡萄果实采收后,新梢基本停止生长,夏芽副梢基本不再增加,枝条逐渐硬化,冬芽逐步充实,营养生长消耗基本停止,而此时叶片仍生长健壮,能进行正常的光合作用,制造的营养开始大量积累到根茎部位,枝条木质化程度逐渐增强,抗寒能力逐步提高。另一方面,葡萄此时根系生长量较大,吸收机能比较活跃,施肥后有利于根系吸收。秋季施用有机肥,有充分的时间使有机质分解,从而被根系吸收利用。实践证明,秋季施用基肥的果树,生长量大、花芽分化良好,翌年果实产量与品质均有明显提高。

2. 基肥施用方法 基肥通常开沟施用。葡萄栽植后,通常连年要利用秋季施基肥的方式,将果园内土壤不断地深翻与改良,以提高土壤有机质含量、改善土壤团粒结构,为达到优质丰产目的打基础。果园施用基肥,要将肥料施入根系的主要分布层,以利于根系吸收利用。施肥也不能太深或太浅,也不宜太近或太远,以免影响肥效。施入未经腐熟的有机肥,成块潮湿的有机肥不能均匀混入土中是目前存在的最大问题。

葡萄树定植当年秋季基肥的施用,应沿着葡萄定植时的定植沟边缘向外扩张。在葡萄定植沟的一侧开挖 1 条沟,一般沟宽 80 厘米、深 50~60 厘米。沟的深度也应结合不同地区具体掌握,南方雨水较多地区、黏土地的葡萄根系分布较浅,沟的开挖应适当浅一些。挖沟时,熟土与生土应分开放置。基肥一般是有机肥与复合肥混合使用,鸡粪、羊粪等较好,依照上述开沟标准,一般每 667 米^2 可施入纯粪 2~3 米^3。秋施基肥的目的:一是改良土壤结构,使土壤变得较为疏松,有利于根系生长。二是提高土壤有机质含量和土壤肥力,为翌年优质丰产打基础。因此笔者提倡使用羊粪或鸡粪＋牛粪等与复合肥混合施用。羊粪不但能改良土壤结构,而且肥效较好,对提高产量、促进糖度提高、改善外观色泽效果显著。牛粪疏松,利于改善土壤结构,鸡粪养分丰富,牛粪与鸡粪混合效果良好。如土壤为黏土,也可适当增加牛、马粪以改良土壤结构。为提高肥力,可适当加入氮磷钾三元复合肥,每 667 米^2 地此时可加入 20~30 千克。肥料应重点施在根系分布层,因不同地区、不同地块根系分布有差异，应根据田间挖沟断根情况具体确定。土壤回填时，应将熟土回填到根系分布层。

需要注意的是，有机肥应于春季囤积在田间地头腐熟，秋季晒干打碎，这样才能保证均匀施入沟内。当经过3～5年土壤每年深翻1遍后，施肥沟的宽度可降至40厘米左右，深度同上。基肥施后应用脚踏实或及时浇水。

二、提高植株养分积累

秋季葡萄植株的养分积累对花器官分化、翌年产量品质及植株的抗寒性等有十分重要的作用，应引起重视。养分积累重要的是要"增收节支"，即扩大营养物质的积累，减少消耗。葡萄植株体的养分积累一般可分为养分的前期积累期和后期积累期，前期积累期是指果实成熟前的养分积累，植株通过根系吸收营养，通过叶片光合作用制造营养，此时光合作用非常旺盛，新梢生长量大，碳水化合物的合成量达到一年中的最大值，枝条中的糖分开始转化成木质素，加速枝条成熟。果实采收后，树体活动开始减弱，体内代谢逐渐缓和，新梢生长基本停止，新梢基本不再进行木质化，各种新梢的木质化程度基本保持现状，尚未木质化的绿色新梢，越冬时可能被冻死。叶片合成的碳水化合物在枝条、树干、根中转变成淀粉积累起来，叶片中的氮、磷、钾等逐渐地回流到树体内，随着天气的逐渐转凉，叶片形成离层而脱落。

（一）防病保叶

秋季防病保叶最重要的工作是防治霜霉病的发生，以免造成早期落叶。当霜霉病发生时，喷洒杀菌剂及时防治，一般使用治疗剂＋保护剂，治疗剂可使用烯酰吗啉、甲霜灵等，这些均为防治霜霉病的特效药剂。保护剂可使用代森锰锌、福美双等。也可以在霜霉病没有发生前喷洒杀菌剂提早预防,每隔 10 天左右喷洒 1 次,这样效果将会更好。如果霜霉病发生严重时没有及时防治,将会出现提早落叶,轻者枝条木质化程度降低,重者出现二次发芽,使体内营养积累受阻,严重影响花芽分化和翌年的产量与质量,冬季越冬困难植株甚至被冻死,必须引起高度重视。

(二)果实采收后及时施肥

葡萄果实采收后,植株体处于相对虚弱的状态,果实采收后要及时补充肥料,使树体保持健壮、富有活力,为翌年的稳产、优质打基础。需要补充肥料的品种多为中、早熟品种,这些品种在果实采收后距落叶还有相当的时间,需要补充一定的营养;各种设施条件下的早熟栽培其果实采收后更应该及时补充营养;晚熟品种、极晚熟品种果实采收后已经进入了晚秋,气温很低,根系吸收能力也很弱,营养补充应抓紧时间进行。

要求在果实采收后及时进行 1 次叶面喷肥,此时可使用磷酸二氢钾。理想的土壤追肥时期为:中熟品种应在果实采收后 10 天内进行,而早熟品种应在果实采收后 20 天内进行。果实采收后不可过量施用氮肥,防止抽生新梢、徒长,不利于植株体养分积累和安全越冬。

(三)去 老 叶

在果实成熟期没有去除老叶的,此时应该加紧老叶的去除工作,主要是去除枝条最下面 3 片左右的老叶。其理论依据是,老叶本身光合作用较弱,制造的营养物质尚不能满足自身的消耗,即出现营养物质的负增长,因此要及时加以去除,以减少养分消耗,增加营养物质的积累。根据老叶的不断增加,要分批次经常不断地去除老叶。

三、早霜冻害的预防

早霜冻害是指在葡萄尚没有进入越冬状态时,天气突然降温到一定程度,葡萄枝条及植株体受到伤害。早霜冻害的程度与天气的降温幅度、植株体抗寒性及预防措施有密切关系。

(一)症状类型

1. 树干冻死　早霜冻害发生严重时树干被冻死,如果冬季没有埋土防寒,冻死的树干在风吹失水后于春季常常出现开裂症状,地上部分几乎全部死亡。树干开裂发生在阳面或其他白天温度较高的地方,一般来说,根系很少因早霜而冻死。

2. 主蔓及枝条冻死　较为严重的早霜冻害产生的症状有时出现主蔓和枝条被冻死,生产上常常见到的是植株上部部分死亡、部分生长的现象,死亡的部分有时也出现主蔓开裂等现象。一般来说,地上一部分枝蔓死亡的植株,余下还在生长的部分,生长势较为衰弱、发芽较迟。冬季气候干燥、风大时,冻伤的葡萄枝蔓因蒸腾量较大而根系吸收的水分又供不应求时,枝蔓失水过多加速枝条干枯死亡。

3. 芽眼冻伤　受害相对较轻时,枝条没有冻死,而芽眼受到一定伤害,具体表现为发芽推迟、生长势衰弱,当年新梢生长量显著降低,严重影响翌年的产量与质量。

(二)发生规律及防治措施

1. 与品种的关系　一般来说,早熟品种抗性较强、受冻害较轻;巨峰系品种受冻害较轻;晚熟品种受冻害较重,尤其是圣诞玫瑰等抗寒性较差、受害较为严重;同一品种果实的采收期如果推迟,受害则较为严重。因此,在早霜冻发生较为严重的地区,尤其是在冬季寒冷且没有埋土防寒的地区,选择品种时应考虑其抗寒性,不要选择抗寒性差的品种。

2. 与降温幅度的关系 如果天气突然降温且持续时间较长时,冻害发生较为严重。调查发现,在早霜冻害发生时,如果遇大风天气,植株受害程度将会增加。如果冻害是因为降雪造成的,则雪融化时是造成冻害的重要时期,因为此时温度较低。葡萄树发生早霜冻害的原因是葡萄树还没有进入休眠状态,突遇大雪或其他低温天气,温度下降速度过快、下降幅度较大时,植物体细胞内水分凝固成冰,形成细胞内结冰,细胞死亡。早霜冻害温度一般在0℃以下。

3. 与植株抗寒性的关系 植株抗寒性与早霜冻害有重要关系。如果田间管理规范、施肥合理、摘心去副梢工作及时,枝条发育就会充实,对早霜冻的抵抗力较强,受害程度则较轻。负载量过大的树受害严重,而负载量合理的树受害较轻。当年秋季霜霉病严重而落叶较早的树受害严重。提高植株抗寒性是防止霜冻害的重要一环,生产上应提高植株的抗寒性,包括合理负载、加强肥水管理、加强对霜霉病等病害的防治、避免提早落叶、加强夏季枝蔓管理等。

4. 与土壤含水量的关系 土壤含水量较大时,植株受冻害程度较轻,干燥的土壤、沙质土壤往往受早霜冻害较为严重。当寒流到来时,田间浇水是预防早霜冻害发生的有效措施,实践证明,临近寒流到来之前进行田间浇水效果最佳。

5. 与地理位置的关系 地势低洼处早霜冻害常常发生较重,原因是冷空气下沉,低洼处气温更低。葡萄园位于村庄或建筑物的南面时,常常冻害发生较轻,因建筑物起到了挡冷风的作用。

第十章　冬季田间管理

一、冬季防寒

(一)葡萄冻害的类型

1. 早霜冻与晚霜冻　霜冻是在葡萄生长季节温度突然降低，水汽凝结成霜而使葡萄器官受到冻伤或死亡的现象。霜冻分为早霜冻和晚霜冻，在晚秋葡萄尚未结束生长之前发生的霜冻为早霜冻。早霜冻大多发生在葡萄枝条尚未完全木质化、营养物质尚没有完全回流时。

晚霜冻是发生在早春葡萄萌芽后的霜冻，晚霜冻的危害常常是造成当年萌发的枝芽受害，轻者叶片受伤，重者枝芽死亡，由于上部枝芽先发造成先冻，所以晚霜冻害常造成当年产量受到损失。

2. 冬季冻害　冬季冻害是发生在冬季休眠期的冻害。葡萄在休眠期虽然经过低温锻炼，但其抗寒力还是有一定限度的，超过植株能忍耐的低温时就会发生冻害，在我国北部地区，时常采取嫁接或埋土等防寒措施。

(二)冬季冻害的预防措施

1. 埋土防寒　在我国划定的埋土地区要采取埋土防寒措施，埋土是防止冬季冻害最为有效的方法。在中部一般防寒地区，葡萄落叶后要及时埋土；在严寒地区，埋土可分 2～3 次进行。第一

132

次是在葡萄下架前,在葡萄根系周围覆土厚10厘米以上,对根系防寒效果极佳;第二次是将修剪后的葡萄枝蔓顺着行向一侧下架,捆绑理顺后覆厚10厘米左右的秸秆,用土简单压实;第三次是全面埋土,挖土的位置要尽量远离根系,以防根系受冻,一般在两行树的中间位置取土,埋土厚度与质量应根据当地气候条件而定,寒冷地区埋土应厚一些,一般防寒地区可薄一些。采取贝达等防寒砧木的,防寒土覆盖的厚度可减少1/3,应该注意防寒土的覆盖要均匀,不留明显大空隙。

2. 果园浇水 土壤含水量的高低对葡萄植株冬季防寒有非常重要的作用。水的热容量较大,当寒流到来时可以释放一定的热量使地温不至于降得太低而使葡萄根系受到伤害。在非埋土防寒地区,干旱可加速枝条抽干,会加剧冻害症状的发生。土壤浇水不但可减轻此类现象发生,而且对果园夜晚低温有一定缓冲作用。一般12月份至翌年1月份是一年中最为寒冷的季节,一般生产上在12月份寒流天气到来之前,对果园浇水,这些措施在我国埋土过渡带的非埋土果园尤为重要。临近极端天气到来前夕浇水对这些地区的冻害防治尤为重要。水对降低地温有较大的缓冲作用,因此在埋土地区,增加埋土层的土壤水分含量也显得较为重要。有条件的地方可以考虑在埋土的部分采用一定的黑色地膜或其他覆盖物覆盖,以保持土壤较高的含水量,增加土壤对低温的缓冲性,可提高防寒效果。

3. 其他措施 冬季冻害防治的其他措施包括加强夏季管理、合理负载、加强肥水管理等措施,以提高植株体的抗寒性,请参考前面章节的早霜冻与晚霜冻部分。

二、冬季修剪

(一)修剪的目的

1. 充分合理地利用空间 保持中庸健壮的树势是葡萄园获得优质丰产的基础。整形修剪可以调节营养面积、维持树体结构、促进果树生产力的形成和维持、达到枝条的合理分布。枝条的合理分布可以有效地利用空间与太阳能。只有当太阳能利用效率最大化时,其产量、品质才会达到最佳。如果枝条过稀,将会造成空间浪费,不易获得高产;如果枝条过密,处于下部的叶片其光合作用效率较低,有时甚至会出现自己本身呼吸作用对营养物质的消耗量大于其光合作用制造的营养物质的量,从而对生长和结果造成负面影响。

2. 有计划地调节产量 现代葡萄生产的重要标志之一是定产栽培,即根据不同的生产目的和立地条件,有计划地对产量进行调控,达到优质、连年丰产的目标。修剪后的葡萄枝条于春季萌发出新梢、花序显露时,通过对结果新梢定枝而基本确定当年的产量,而这些结果新梢的数量和质量与修剪时所留枝条的长度、更新方式、结果母枝的选留等有密切关系。生产上常常根据不同品种的结果习性,有计划地选留结果新梢,并根据果穗大小来确定花序选留数量,从而确定产量。

3. 调节生长与结果的矛盾 葡萄树冬季修剪的目的是使葡萄植株按照我们的栽培目的有计划地进行培养,通过对不同生长势的枝条采取不同的修剪方法,结合不同生长势的枝条对果穗的选留,可有效地调节植株生长势,调节生长与结果的矛盾。

（二）修剪时期

葡萄理想的修剪时期一般在落叶后的 1 个月左右开始。在秋季葡萄落叶前后的一段时期内，当年叶片及枝条内的营养物质要转移到老蔓和根系贮藏。冬天过后天气转暖时，树液开始流动，老蔓和根系贮藏的营养物质开始向枝蔓运送。根据葡萄生长发育的这些特征，葡萄枝条过早修剪或过晚修剪都会造成营养物质的流失。此外，过早修剪还会造成葡萄树体耐寒性降低，过晚修剪常在春季葡萄发芽前造成伤流而削弱树势，因此，葡萄修剪应选择适当的时期进行。一般认为，葡萄落叶后 1 个月左右至翌年春季发芽前 1 个半月左右是修剪的理想时期，通常也是最为寒冷的时期。

（三）修剪方法

1. 枝条的修剪部位 1 年生枝条剪留的具体部位如图 10-1 所示。葡萄 2 个芽中间部位的髓心较大，芽的位置髓心较小或没有髓心，如果剪口离芽太近，枝条失水后容易使芽干枯死亡。因此，剪口应在两个芽中间偏上位置或在上面一个芽的部位进行破芽修剪。在进行短梢、超短梢修剪或春季修剪过晚时，为避免对所保留的芽造成较大损伤，应采取图 10-1 中 1 的剪法。

2. 修剪方法

（1）极短梢修剪 当年生枝条修剪后只保留 1 个芽的称为极短梢修剪。极短梢修剪适应于结果性状良好的品种、花芽分化好的果园及架式。一般欧美杂种如京亚、巨峰、户太 8 号、藤稔等，花芽分化节位较低，如果管理规范、采用棚架或水平架，花芽分化一般较为良好，可考虑采取极短梢修剪的方式。

（2）短梢修剪 当年生枝条修剪后只保留 2～3 个芽的称为短梢修剪。适用于短梢修剪的品种，如上述的欧美杂种以及其他结果性状较好的品种如维多利亚、87-1、绯红等，在管理较为规范、花

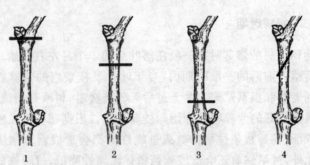

图 10-1　1 年生枝条的剪留部位

1,2. 正确　3,4. 错误

芽分化较好的地块均可采取短梢修剪。

（3）中梢修剪　当年生枝条修剪后保留 4~7 个芽的称为中梢修剪。适用于生长势中等、结果枝率较高、花芽着生部位较低的欧亚种，如维多利亚、87-1、红地球、红宝石无核等很多品种均适合中梢修剪。

（4）长梢修剪　当年生枝条修剪后保留 8~11 个芽的称为长梢修剪。长梢修剪适用于生长势旺盛、结果枝率较低、花芽着生部位较高的欧亚种，如美人指、克瑞森无核等品种。

（5）超长梢修剪　当年生枝条修剪后保留 12 个以上芽的称为超长梢修剪。大多数品种延长头的修剪多采用超长梢修剪。

3. 结果母枝剪留长度的确定

（1）品种特性　不同的品种其结果习性有着明显的差别，结果习性是结果母枝剪留长度的重要参考依据，一般来说，生长旺盛、结实率低的品种适合于长梢、中梢为主的修剪方法，如美人指、克瑞森无核等。红地球品种适合长、中、短梢混合修剪。

（2）枝条生长状况　1 年生枝条的生长角度决定其花芽分化的质量，一般来说，棚架和水平架上的当年生枝条生长较为水平，花芽分化一般较为良好，修剪时所留枝条可适当短些；而直立的枝条花芽分化相对较差,可适当长剪;对一个枝条来说,基部芽眼质量较差,中部及上部芽眼质量较好、结实率较高。根据这一特性,人们总习惯留梢适当长一些,以提高产量,但这种方法带来的一个明显的弊端是结果部位会逐年上移,因此应采用短、中、长梢混合修剪,注意处理好结果与更新的关系,避免结果部位过分上移。一般来说,越粗的枝条结果性能越好,剪留长度也应适当延长。生长势弱的枝条,剪留应适当短一些。

结果母枝剪留的长度应参考往年修剪后的表现,果农应注意观察记录,根据自己所在的地块摸索出的经验才是最为适用的,对指导该地块生产有重要指导意义。

预备枝的剪留一般以短梢、中梢修剪为主,以限制枝组逐年过分上移。要选择剪口下第一芽为饱满芽,此处修剪,所发新梢生长健壮。

4. 单枝更新与双枝更新　单枝更新和双枝更新是葡萄修剪中最为常用的结果枝组的更新方法,更新的目的是始终保持每个结果枝组一个基本的结构。

(1)单枝更新　单枝更新是只对一个结果母枝进行修剪,修剪后,每年冬季只保留一个修剪后的枝条,翌年春季从枝条上选留2个芽萌发后的新梢,上面的一个主要用于结果,下面的一个作为预备枝使用,预备枝可以留果穗也可以不留果穗,根据生长的具体情况而定。图10-2中1为冬季修剪后的状况,图10-2中2为修剪后翌年春季萌发后长出的2个枝条,图10-2中3为翌年冬季修剪后的状况,与上年冬季修剪后的情景基本一致,翌年春季从其上面还是保持两个新梢,上面一个仍旧用于结果,下面一个用于来年更新,这样反复进行,每年均是一样的情况,这种更新方式即为单枝更新。这里需要提醒果农的是,如果采取"V"形架的单干双臂整形时,在葡萄植株定植后的当年,一般均可形成2条主蔓,翌年春季在主蔓上选留新梢时,如计划将来采取单枝更新方式,应考虑到每一个所留的新梢翌年将会变成2个,应根据不同品种的特性来决定新梢的间隔距离。一般来说,定植后翌年春季主蔓上新梢萌发,采取"V"形架单干双臂整形时,新梢向左右两个不同方向生长,单侧新梢选留间隔距离一般为20~30厘米,如果采取了单枝更新的方式,在翌年冬季修剪后,到第三年春季,由于每个枝条上选留上、下2个新梢,这时新梢的间隔距离变为10~15厘米,此时葡萄园即进入丰产期,以后每年均基本维持这样的密度。新梢间隔距离应根据不同品种、栽培密度、栽培目的而灵活掌握。单枝更新的好处是更新方法简单、容易掌握,常用于花芽分化良好、结果性能较好的品种,而结果性状较差、花芽分化不良的品种常采用双枝更新。

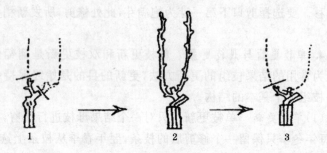

图 10-2 葡萄单枝更新修剪法
1. 冬剪后 2. 翌年生长状 3. 翌年冬剪后

(2)双枝更新 双枝更新是指2个结果母枝组成1个枝组(图10-3)。修剪时,上部的母枝长留(图10-3中1右边的1个枝条),其上萌发的新梢带穗率高、果穗发育较好,主要用作结果(图10-3中2右边的2个枝条),结果后,于当年冬季修剪时去除(图10-3中3右边的2个枝条)。下部的结果母枝一般是1个当年结果,1个不带果穗作营养枝,冬季修剪时1个短截,1个相对长截(图10-3中3左边的2个枝条),翌年春季在每个剪留的枝条上各保留2个健壮新梢(共4个,与图10-3中2相似),冬季修剪后,每年均保持一长一短(图 10-3 中 3),春季萌发后保持 4 个新梢,树体一直保持相对稳定状态。双枝更新相对于单枝更新,结果新梢选留机会更多(一般在 4 个新梢中可保持 3 个结果),更有利于提高葡萄产量,双枝更新更多地用于结果性能较差、花芽分化不良的品种在采取单枝更新时,如果有时出现枝条间隔距离较大时,为了弥补空间,在较大空间的部位也常采取双枝更新的方式。

以"V"形架单干双臂整形为例,定植当年一般会形成 2 条健壮的主蔓,如采取双枝更新方式,一般单侧结果枝组的间距为 40～60 厘米。定植后翌年春季,当主蔓上的芽萌发时,应每隔 40～60 厘米选留 1 个新梢,以培养将来作结果枝组使用。为提早进入丰产期,缩短双枝更新所用的时间,可对选留的新梢留 2～4 片叶重摘心,选留摘心部位下最上面的 2 个发育健壮的新梢。对选留的 2 个新梢,可采取以下 2 种方式促进花芽良好分化,翌年可获得较高产量。第一种方法是当其分别长至 4～6 片叶(一般为当年冬季修剪时保留的长度)时摘心,且以后每隔 3 片叶摘心 1 次,反复进行。在我国中部地区立秋后(南部地区可适当推迟)再发出的副梢全部去除,这样可有效地促进花芽分化,有利于翌年产量提高。第二种方法是于该品种开花前进行摘心,以后每隔 3 片叶摘心 1 次,反复进行,其上发出的副梢全部去除,以控制生长、促进花芽分化,为翌年产量、优质打基础。依照上述管理方式,定植后第三年即可进入丰产期。

5. 结果枝数量的确定 根据所留结果新梢数量、单穗重等指标,基本可以确定单位面积产量。或者说,根据设定的单位面积产量目标和所种植品种的单穗重,可以确定所留结果新梢的数量,只有当结果新梢数量达到一定时,才能达到某一产量目标。在管理良好的情况下,预备枝上也可能着生果穗用于结果。应结合不同果园的具体情况确定产量目标,结果母枝数量偏少时,架面利用不够充分,翌年结果枝数量不足,会降低产量;如果留母枝数偏多时,

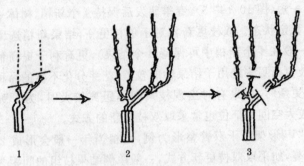

图 10-3　葡萄双枝更新修剪法

1. 冬剪后　2. 翌年生长状　3. 翌年冬剪后

植株叶片将会过于郁闭,光照不足而影响果品质量,不利于花芽分化,影响翌年产量和质量。因此,要根据不同品种、不同地块、不同的肥水条件及管理水平,来合理确定留枝量,这是保证葡萄优质、丰产、持续发展的重要措施。

目标产量 = 每 667 米^2 留结果新梢数 × 每新梢平均留果穗数(结果系数) × 单穗重

公式中涉及的几个指标,可以根据前几年的具体情况得到。生产上应根据所确定的每 667 米^2 产量标准,分解到单株,以株为单位来落实。修剪时,应根据不同的植株生长势确定所留的不同母枝数量,生长旺盛的树可适当多留,生长弱的树可适当减少母枝数量。

140

第十一章 避雨栽培技术

一、避雨栽培的优点

(一)扩大了品种选择范围

避雨栽培常被用在我国南部地区,因为这些地区降雨量较大,葡萄病害发生严重,在不避雨的情况下,这些地区只有采用巨峰系等抗病性强的品种才能获得较好的收益,一些品质好、综合性状优的欧亚种的栽培受到限制。采取避雨栽培后,品种选择范围扩大,即使是具有裂果倾向的一些优良品种,在避雨栽培条件下,由于水分供应受到一定限制,其裂果性状也会得到大幅改善。近年来,我国中部地区也在大力倡导避雨栽培,使品种选择不再受到当地气候条件的限制。

(二)减轻病害发生

多数葡萄病害(如霜霉病、炭疽病、白腐病、黑痘病等)的发生是在有雨水参与下进行的,离开了雨水,其病菌孢子均不能萌发侵染叶片及果实。避雨栽培后,棚膜阻挡了雨水与葡萄枝叶果的直接接触。葡萄病害的病菌侵染都有一个较为集中的时期,如果棚膜能在这些病害的病原菌侵染期来临之前覆盖,病菌孢子在无水分参与的条件下不能萌发侵染,可避免多数病害的发生。在我国中部及南部地区,如能在葡萄开花前 15 天左右及时覆盖棚膜,上述几种主要病害的发生基本可以避免，但避雨栽培后，白粉病、灰霉病、介壳虫等病虫害发生加重，应引起重视。

(三)提高果实品质

采取避雨栽培后，果实各种病害减轻，配合果穗套袋，果穗光洁度可大大提高。由于雨水对地面的影响受到一定限制，相对干燥的土壤条件有利于成熟期果实含糖量的提高，尤其是在行间排水设施较为完善时，这种增加作用更为显著。

(四)有利于花芽分化

避雨栽培后，从一定程度上来说，棚膜阻碍了雨水与地面的直接接触，在干燥的土壤条件下，土壤表面昼夜温差较大，水分供应也受到适当控制，降低了植株徒长的机会，有利于葡萄花芽分化、产量提高。

(五)提高经济效益

避雨栽培后，葡萄病害防治每年药剂使用次数为 2～4 次，比不避雨条件下减少 6～8 次以上，这样，不仅节约了药剂及人工成本，由于降低了多种传染性病害及生理病害的发生，提高了果实质量，减少了因病害造成的损失，果品的销售价格也得到提高，经济效益会得到明显提高。

二、避雨设施的基本构造

(一)避雨棚下适宜的架式

避雨棚的搭建通常是 1 行葡萄 1 个避雨棚，葡萄植株被限制在棚下一定区域内生长，要求葡萄具有一定的架式结构相配套。

为防止雨天棚间露天部位雨水对葡萄树体下部的影响,以减轻病害的发生,通常需要采取具有一定干高的架式。"V"形架因其具有一定的干高、合理的结构,常被作为简易避雨栽培条件下的理想架式。

(二)行距的确定

采取"V"形架时,行距一般为 2.5～3 米,行距太窄不利于田间操作,太宽则浪费空间。行距的具体宽度也可依照品种的生长势而定,一般生长势旺盛的品种,新梢与两立柱间所形成平面的夹角应适当加大,新梢相对平缓地生长利于花芽分化,当新梢变得更接近水平时,行距可适当大一点;节间长的品种(如里查马特)行距可适当宽一些;生长势弱、容易结果的品种,行距可适当小一点。

(三)避雨栽培的基本架式结构

简易避雨棚的基本构造如图 11-1 所示。首先要确定棚膜间隔距离,一般为 50～60 厘米,太窄了不利于田间操作且不利于膜下温度降低,太宽了浪费空间。一般采用三横梁结构,也可采取三角形结构。在进行三横梁建造时,首先确定最上面的一根横梁高度,一般要高于种植者身高,推荐高度为 1.8 米,这样便于田间操作。横梁上下间隔距离一般为 35 厘米,最上面一根横梁在距离端点 5 厘米、25 厘米处分别留一小孔,以便穿镀锌钢丝。距横杆顶端 5 厘米处的镀锌钢丝是为了固定棚膜与竹片,而距顶端 25 厘米处的镀锌钢丝是为了绑缚新梢使用。下面两个横梁的每个端点 5 厘米左右处也分别留一小孔,最下方一道镀锌钢丝的高度距地面 0.8 米左右,穿入立杆内。

依照这一设计规格,采取"V"形架单干双臂整形时,从距地 0.8 米的立杆上的钢丝孔到最上方横梁钢丝孔为直线与横梁、立杆形成直角三角形。当最上方横梁一端为 0.9 米,立杆上距地

第十一章 避雨栽培技术

0.8 米的钢丝孔到最上方一横梁的距离为 1 米时,最下方一道钢丝至最上方一道钢丝的距离为 1.4 米左右,这样的空间基本可以满足当年新梢的生长,在管理规范的情况下,一般品种新梢长度不超过 1.4 米。

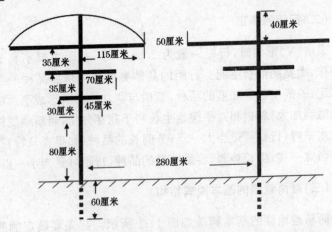

图 11-1 避雨栽培的基本架式结构(三横梁结构)

此外,也可以采用三角形结构,与三横梁结构不同的是,三角形结构取消了下面两个横梁,增加了斜杆,斜杆放置的位置从立杆上距地 0.8 米的钢丝孔处到横梁的内孔处,依照上图的规格,斜杆长度一般为 1.4 米左右。采用三角形结构时,斜杆上一般有 2 个穿钢丝的小孔,分别距离斜杆下部端口 35 厘米、85 厘米,保持每侧 2 道钢丝。

应该说明的是,可根据不同的实际情况变化架式结构,对生长势强的品种(如森田尼无核等),可以适当提高干高,以加大新梢与立杆的夹角,这样可缓和树势、促进花芽分化、确保丰产。干高提高后,横梁的长度应随之增加,无论怎么变,但要注意保证新梢生长发育足够的空间,即 1.4 米左右。在一定的条件下,"V"形架三横梁结构也可以改为两横梁结构,以节约成本;上面的一根横梁也

144

可以行与行相互连接形成通梁,这样的结构更为牢固。当行与行横梁相互连接时,为便于田间操作,最上方横梁的高度一般要略高于种植者的身高。此外,依照图 11-1 的设计,最上方一根横梁上方的立杆部分一般不超过 40 厘米,棚面相对较平时可避免植株上部温度过高,有利于糖分积累。

(四)覆膜和揭膜

1. 覆 膜

(1)棚膜选择 棚膜的种类有很多种,避雨栽培的棚膜选用聚乙烯无滴耐老化棚膜(PE)及三层复合高透光长寿无滴增温膜(EVA)较好,普通聚乙烯有滴膜不耐用,在使用过程中常出现烂膜而中途更换的现象,不宜使用。单葡萄行 1 个棚的,选用耐用薄膜 3 丝厚即可,为节省成本,厚度一般不超过 6 丝。

(2)覆膜时期 避雨栽培的主要目的是降低葡萄病害的发生。一年中葡萄园病害防治最关键的喷药时期是在葡萄开花前后的一段时间,此时是防治白腐病、炭疽病、穗轴褐枯病等病害的关键时期,因此,理想的盖棚时间也应在多数主要病害侵染期到来之前进行,推荐在葡萄开花前 15 天之前盖棚,盖棚时间越早防病效果越好。

(3)操作步骤 覆膜时期确定后,应选择无风天气覆膜。覆膜时,一般 3 个以上人操作,即一人展开,保证薄膜中间部位对准脊梁,拉紧薄膜。另二人分别站在避雨棚的左右两边,拉紧并保证棚面平展,拉紧后用竹木夹子夹住棚面边缘固定于拉丝上,竹木夹子间隔距离一般 30 厘米左右。夹子一般采用竹木的较好,价格便宜、寿命较长、耐用、效果好。棚膜两边固定后应及时覆盖压膜线,压膜线一般以相邻两竹片间对角斜向,以防止风吹揭膜。棚面覆盖后,应经常检查棚膜松动情况、竹夹弹出情况、棚膜破损情况等,发现存在问题时应及时修补。

第十一章 避雨栽培技术

避雨棚的两头要将棚膜拉至棚外距地 1 米左右的高度后固定，以避免雨水对定植行两端葡萄树造成影响。

2. 揭膜 揭膜期一般选择在葡萄果实采收后，在无风天气的早晨或傍晚揭膜。如果晚熟品种揭膜期过晚，棚内温度偏高，会降低枝条的充实程度、降低抗寒性、影响越冬效果。但早熟品种采收后，正值雨水季节，可适当推迟揭膜时间，以保护叶片、降低病害的发生。

三、避雨栽培的品种选择

避雨栽培扩大了对葡萄品种的选择范围，病害已不是人们关心的主要问题。要根据栽培目的、市场需求选择品种，以优质为前提、产量为基础，为提高生产价值，也可以选择一些露地栽培不容易成功的品种。避雨栽培后，品种的选择一般不受限制，一些露地栽培问题很大的品种，这时也可以表现出较好的性能，即使一些具有裂果倾向的优良品种，在避雨栽培条件下由于果实成熟期水分供应受限，裂果也会得到较为有效地控制，在田间排水设施完善时效果更好。

四、避雨栽培条件下的特殊管理

（一）套袋技术

避雨栽培配合果穗套袋是生产优质果品的一项重要措施。避雨栽培下的葡萄果穗套袋，主要是为了提高果实外观质量、减少农药对果面的污染、防止鸟害等。在套袋方法得当的情况下，还可以有效地防止果实日灼病。套袋时期仍以果实快速膨大期为宜，通常为落花后 3 周左右，这时穗轴也较为坚硬。但套袋方法要求不

146

像露地栽培那样严格,因为不担心雨水浸入袋内而感染病害。套袋时,使用简易铁丝夹子夹住果袋上口即可,由于操作简便,可大幅度提高套袋速度。为降低果实日灼病的发生,上口可保持部分开口,以便于袋内热气上升而降低袋内温度,降低果实日灼病的发生,并有利于提高品质。避雨栽培时,棚下小环境造成棚下气温偏高、棚间风速较低,这些条件都有利于葡萄果实日灼病的发生,在果实快速膨大期应引起重视,尤其是红地球、美人指这些敏感品种更应重视。田间试验表明,在避雨栽培条件下,棚膜空间内的气温高于下部气温,且越靠近棚顶时温度越高,这样的特殊环境造成炎热的夏季上部叶片光合效率降低,而秋季外界温度较低时,上部叶片还能维持较好的生长状态。

避雨栽培时的套袋可选用无纺布果袋,据笔者多年的试验,无纺布果袋因其具有良好的透气性,能对果实外观及内在品质有一定提高作用,质地较薄的无纺布效果更好,在高档水果的生产中可适当试验使用。

果穗套袋前,对果穗要使用药剂蘸穗处理,为提高防治效果,通常采用"灰霉病的特效药剂＋广谱型治疗剂＋广谱型保护剂"。推荐使用"抑霉唑＋苯醚甲环唑(或氟硅唑等)＋保倍福美双(或保倍、科博等)",可收到良好的效果。有专家指出,使用苯醚甲环唑或氟硅唑时,如浓度过高,对葡萄果实、枝叶生长会有一定的抑制作用,提醒果农严格按使用说明浓度配制。

(二)病虫害防治

在避雨栽培条件下,雨水传播病害的发生会大幅度降低甚至不发生,但特有的生态环境会造成其他葡萄病虫害有加重趋势,灰霉病、白粉病、介壳虫等是避雨栽培条件下特有的主要病虫害,生产防治上应引起特别重视。灰霉病是避雨栽培条件下的主要病害之一,套袋后更会加重灰霉病的发生,在果粒着生紧密有裂果现象时灰霉病发生更为严重。防治灰霉病的特效药剂有抑霉唑、嘧菌酯等,预防效果较好的药剂有保倍、保倍福美双等;防治白粉病的特效药剂有苯醚甲环唑、三唑酮等,效果较好的药剂有硫悬浮剂、石硫合剂、多硫化钡等,预防效果较好的药剂有保倍、保倍福美双等;对介壳虫效果较好的药剂有毒死蜱、吡虫啉、啶虫脒等。病害防治时,每次喷药应注意治疗剂与预防剂混合使用。葡萄落花后1～3周是防治上述病虫害的关键期,套袋前的果穗蘸药处理也是非常重要的一环,要根据上年棚下病害发生情况结合当年气候条件进行判断,灵活运用技术进行有效的防治。

　　避雨栽培时,葡萄发芽前的果园药剂防治一般以石硫合剂或其他硫制剂为主。

(三)水分管理

　　在避雨栽培条件下,棚膜阻止了雨水与植株体根系附近大部分地面的直接接触,造成土壤相对干燥,这种干燥的土壤条件是生产优质果品、促进花芽良好分化的有利条件,但是如果过分干燥将会影响葡萄的产量提高和生长发育。避雨为有计划地进行葡萄园水分管理,促进优质化、标准化生产提供了有利条件,根据葡萄不同发育期的需求,结合不同的生产目标,有计划地供应水分,达到水分的合理调控,对葡萄生产将具有十分重要的意义。要达到这一目标,首先要限制雨水对葡萄的影响,即在葡萄不需要水的时候,不能因为降雨给果园增加水分供应,更应避免降雨量大时对果园造成的负面影响。因此,要建立良好的排水系统,保证降雨后雨水从果园能被及时排出。雨水通过棚面降落到葡萄行中间位置,在夏季雨水较多的地区,可在相对应的地面位置开挖小排水沟,为达到雨水的可控性,也可于小排水沟内放置塑料薄膜,以阻挡水分向周围土壤渗透。果园四周也应建立相应的排水沟,以保证雨水及时排出。

果园采用地膜覆盖是保持土壤水分的有效手段。土壤水分一般通过毛细管的作用由土壤深处散发到地表,地膜覆盖后,地膜阻挡了水分的散失被留在地表,常见到地膜覆盖下的土壤表面湿润,这种水分含量适合葡萄生长发育的需要,春季覆盖白色地膜增加地温,炎热夏季覆盖黑色地膜降低地温,均可改善土壤水分及温度条件、促进葡萄生长发育。地膜覆盖是解决避雨栽培条件下水分供应的良好方法,值得推广。有条件的地方也可采取微喷灌、滴灌等方法。在没有覆盖地膜时,要大力提倡果园生草,可在行间种植苜蓿、苕子、三叶草等,地面生草不仅可连年增加土壤有机质含量,而且对改善土壤温度、水分条件、近地表微环境有一定的促进作用。

(四)新梢管理

采取避雨栽培时,新梢生长的空间受限。以"V"形架单干双臂整形为例,新梢长度被限制在主蔓至棚膜之间,因此新梢生长不能过长,一般应限制在1.2米以内。要适时摘心,控制生长。如新梢生长空间较小时,也可以对副梢采取单叶绝后摘心的方法,以减轻补新梢生长空间不足带来的影响。

第十二章　葡萄病虫害防治

一、病虫害应以预防为主

"以预防为主,防重于治"是我国长期以来坚持的病虫害防治策略,预防比治疗更为重要,坚持这样的观点可以花更少的人力、物力收到更佳的效果。预防是在了解病虫害发生特性的基础上进行的,知道了病害什么时期可以传播、侵染,预防起来就不是一件困难的事情。因此,我们要认真了解每种病害发生的规律,这样就会做到有效的防治。

葡萄病害的预防途径通常从以下3个方面入手:一是本地没有的病虫害,往往通过苗木等方式传入,这要加强检疫,如根瘤蚜等是目前重要的检疫对象,把好苗木检疫这一关,让带病苗木不能进入当地是非常重要的措施。在苗木栽植前,用杀菌剂对苗木进行一次药剂处理是防治病虫害的简单易行的措施。如用具有广谱型治疗作用的杀菌剂对苗木枝条进行浸蘸处理,可以有效地杀灭枝条上的病菌,效果优异的广谱型治疗剂有苯醚甲环唑、氟硅唑等,使用多菌灵等也会收到一定的防治效果。葡萄苗木栽植前,由于尚没有发芽,这些药剂的使用浓度可以适当加大。为防治根系病害,也可进行根系蘸药,但要注意根系蘸药后对根系生长可能会有一定的影响。二是在防治上要采取措施降低病虫的基数,降低菌势、虫量,病菌和虫量很少时,病虫害会零星发生,产生不了大的危害。做好果园清理、栽培各个技术环节的工作,在发病前的关键

150

时期进行喷药,是预防的重要内容。三是当病虫害已经发生或是将要发生时,要及时采取有效措施,防止造成大的危害。通过使用化学药剂防治,治疗剂和预防剂同时使用是科学的防治病虫害的方法。

二、病虫害综合防治措施

(一)植物检疫

植物检疫的主要任务是对苗木进行检疫,其内容是苗木生产地存在有某种病虫害,而栽植地尚没有这种病虫害时,对苗木检疫可防止这种病害传入本地,这种方法简单有效。当我们没有把握辨认这些病虫害时,可以采取栽前对苗木进行药剂处理,以杀灭病虫害。植物检疫的主要任务包括禁止危险性的病、虫、杂草随着葡萄植株及其果实传入;将国内局部发生的一些危险性病虫害控制在一定区域范围内;一旦危险性病虫害传入新区,要立即采取紧急行动,彻底清除隐患。

(二)农业防治

农业防治是指通过生产措施进行一定的调控,如改良土壤条件,增强土壤有机质含量,加强植株夏季管理以提高植株的抗性等。实践证明,大量追施有机肥(如羊粪等)、合理负载、夏季及时摘心、去副梢工作控制徒长等,是增强植株本身抗性的有效途径。田间枯枝落叶要清理干净,减少病菌、害虫来源。

合理的施肥浇水也是农业防治的重要措施,与作物生长与病害发生关系密切。一般来说,土壤增施磷、钾肥有利于植株抗病性的提高;偏施氮肥易造成植株徒长,抗病性降低。一些微量元素的使用,可以改善植物的机能和营养平衡,增强抗病抗虫能力。有机肥可能带入大量病菌及害虫,如果不充分腐熟就施入田间,一是可能直接带来病虫危害,二是施入田地后有机肥在腐熟的过程中发热伤害根系,使植株产生一些生理性病害。另外,土壤过于干旱、水分过多均会诱发葡萄植株产生生理性病害。果实套袋避免了果实与雨水的直接接触,也是防治病害的有效途径。

(三)生物防治

生物防治是指用对葡萄无害的生物来抑制病菌及害虫的活动,从而减少病虫害的发生。如葡萄园养鸡灭虫,利用赤眼蜂、芽孢杆菌等防治病害均属于生物防治。

(四)物理防治

物理防治是指用物理方法防治葡萄病虫害的措施,包括田间摘除病害叶片、辐射保鲜、田间诱杀害虫等。

(五)药剂防治

药剂防治是指喷化学药剂的方法防治葡萄病虫害,是综合防治的主要内容,药剂防治见效快、防治效果好、用法简便。但如果使用不当,容易造成果面及环境污染、产生药害、次要害虫上升等。因此,化学农药的使用必须要讲究科学性。

三、主要病害的防治

(一)霜霉病

1. 危害特点　霜霉病是我国葡萄第一大病害,发生十分普遍,主要侵染叶片,也危害花序、果实等。常在叶片上发生,叶片背面形成白色霜霉状,正面出现黄色或褐色病斑,幼嫩叶片发生严重。病菌主要以卵孢子在落叶中越冬,在较温暖的地区,也可以以菌丝在枝条的芽上或未落的叶片上越冬。越冬后,当气温达到10℃时,孢子可以萌发,产生孢子囊并释放出游动孢子,游动孢子通过雨水传播到葡萄上,成为春季最初的传染源。孢子由气孔侵入寄主组织,病菌经过一段时间潜伏期后产生孢子囊,进行再次侵染。孢子囊借助气流传播到叶片上,此时如遇雨水即可萌发,产生孢子并从气孔侵入寄主。在适宜的气候条件下,游动孢子从萌发到侵入一般不超过 90 分钟。在我国中部地区,进入 7 月份后常常雨水天气较多,如果中下旬前后遇到连阴雨天气,雨后极易发生霜霉病,应引起高度重视。温度对霜霉病有重要影响,超过 30℃时,霜霉病的发生开始受到抑制。

2. 防治方法 对葡萄霜霉病防治有特效的治疗剂有烯酰吗啉、甲霜灵等;效果良好的治疗剂有乙磷铝、霜脲氰、霜霉威等;对霜霉病有预防作用的药剂有 50％保倍水分散粒剂、50％保倍福美双、80％代森锰锌、波尔·锰锌、波尔多液、30％王铜等。霜霉病对治疗剂极易产生抗性,一般连续使用不要超过 2 次,不同类型药剂要交替使用。保倍水分散粒剂是目前最为有效的杀菌剂之一,几乎对所有的真菌都有效,且持效期可达 1 个月左右。生产上防治霜霉病常常使用代森锰锌与治疗剂混合使用。防治霜霉病时,每次喷药要使用 2 种药剂进行防治,即治疗剂与预防剂要混合使用,注意喷药到叶片背面,要高度重视喷药质量,雾滴尽可能要细,以提高药剂在叶片上的展着效果,要重视对幼嫩叶片的喷洒。在大发生季节,第一次喷药后 3～4 天应更换不同类型的药剂及时补喷 1 次,并且要适当加大剂量。在霜霉病发生季节,常把散生在田间贴近地面生长的小葡萄苗作为霜霉病将要发生的指示植物,往往它们最先发病。

（二）炭疽病

1. 危害特点　炭疽病一般于葡萄果实开始进入成熟期时表现症状。炭疽病在我国多数地区发生较为严重,西部及西北部地区干燥少雨,发生较轻。炭疽病主要危害果实,也危害穗轴、新梢、叶柄等组织。幼果期发病时,主要表现为黑褐色病斑,发展较为缓慢。成熟期开始发病,病斑凹陷并生长出轮纹状排列的小黑点,遇潮湿天气,小黑点逐渐变成红色。发生严重时,病斑可扩展至整个果面,果粒软腐,脱落或形成僵果。炭疽病菌主要以菌丝在当年结果母枝上越冬,病菌一般在皮层中,有时也残留在葡萄植株的病果穗、穗轴等处,成为翌年病原菌的来源。遇雨水后,开始形成分生孢子,分生孢子在适宜的温度条件下,10个小时左右即可形成。

2. 防治方法　对炭疽病防治有特效的治疗剂有苯醚甲环唑、美胺、氟硅唑、抑霉唑等;有优良效果的治疗剂有溴菌腈、咪酰胺类等;优秀的保护剂有波尔多液、50％保倍水分散粒剂、50％保倍福美双、25％嘧菌酯、80％代森锰锌等。此外,甲基硫菌灵具有治疗与保护双重功效,也是常用的优秀药剂。炭疽病在每次喷药防治时,要将治疗剂与保护剂混合使用,治疗剂一般有效期较短,保护剂有效期较长,且能起到保护作用。炭疽病防治的关键时期在开花前夕至落花后的一段时期内,可与灰霉病、黑痘病、白腐病、白粉病的防治同时进行,使用"广谱型治疗剂＋广谱型保护剂",重点做好开花前的1次喷药、落花后的2次喷药,即"前1后2"。

（三）白腐病

1. 危害特点　白腐病主要危害果穗,同时也危害叶片、枝蔓。危害果穗时,一般是穗轴和果梗先发病,而后才侵染果实,一般3～5天后侵染果粒。果粒从果梗的基部先发病,表现为淡色软腐,整个果粒失去光泽,然后变成蓝色透粉红色的软腐,并出现褐色突起,在表皮下形成小粒点。成熟的分生孢子器为灰白色的小粒点,使果粒表现发白,因此称为白腐病。白腐病侵染穗轴后,遇到干旱天气,在病斑下部会迅速干枯,使果实不成熟。

2. 防治方法 对白腐病防治要采取综合措施。一是要适当提高干高,保持果穗距离地面有一定的高度,不利于地面分生孢子因雨水飞溅至果实或其他组织上而造成侵染。二是减少地面传播途径,如地面覆盖地膜等可以有效阻止分生孢子的传播。药剂防治仍是主要防治手段,对葡萄白腐病有优良效果的治疗剂有苯醚甲环唑、氟硅唑、戊唑醇、多菌灵、甲基硫菌灵等;有预防作用的优秀杀菌剂有福美双、代森锰锌、保倍、保倍福美双等。福美双是防治白腐病效果优异的药剂,而且成本较低,但在葡萄幼果期使用时容易产生果实污染,生产上应加以注意。白腐病防治的关键时期是在落花后的一段时期内,可结合对炭疽病、黑痘病、灰霉病、白粉病的防治同时喷药,使用"广谱型治疗剂+广谱型保护剂"。

(四)灰霉病

1. 危害特点 灰霉病发生在成熟期、花期和贮藏期,主要危害果实,同时也危害叶片、新梢等。避雨栽培、套袋栽培时,会加重果实灰霉病的发生。在开花前,病菌可侵染花序,造成腐烂或干枯,并导致脱落。在开花后期,病菌会侵染雌蕊和发育不良的幼果,侵染果梗和穗轴。受侵染的部分形成小型褐色病斑,而后病斑颜色逐渐变为黑色。发生严重时,产生霉层导致果穗腐烂变质。在果实的成熟期,病菌可以通过表皮和伤口侵染果实,在果穗紧凑时,主要通过相邻的果粒传染,霉层会逐渐遍布到整个果穗。气候干燥时,被侵染的果粒干枯;气候湿润时,果粒会破裂,并且在果实表面形成鼠灰色霉层。在高湿和适宜的温度条件下(15℃~20℃),分生孢子需要15个小时左右即可完成侵染过程。导致灰霉病发生的病原菌寄主范围非常广,包括辣椒、茄子、番茄、白菜、黄瓜等。灰霉病菌也可以在死亡组织中腐生。

2. 防治方法　对灰霉病主要采取药剂防治。对灰霉病有治疗作用的优秀杀菌剂有抑霉唑、嘧霉胺、氟硅唑、甲基硫菌灵、嘧菌酯等;有预防作用的优秀杀菌剂有保倍、波尔多液、保倍福美双、福美双、科博等。使用时治疗剂与预防剂应混合使用。灰霉病防治的关键时期在开花前 3～5 天、落花后、果实开始成熟时等。采取套袋栽培时,一般花前 3～5 天、落花后、套袋前药剂蘸穗 3 个时期是防治的关键点,可与炭疽病、黑痘病、白腐病、白粉病的防治同时进行,使用"广谱型治疗剂＋广谱型保护剂"。套袋前果穗药剂蘸穗处理防治灰霉病常用抑霉唑等。

(五)黑痘病

1. 危害特点　在我国绝大部分地区都有发生,黄河以南地区因降雨量大而发生严重,常造成嫩梢、果实、叶片受害。主要危害幼嫩部分,如叶片、新梢、果实、穗轴等。病斑直径 1～5 毫米,边缘红褐色或黑褐色,病斑外有淡黄色晕圈,病斑中央为灰白色,逐渐干枯、破裂、穿孔。发生严重时,病斑会连在一起。叶片发生严重时常造成扭曲、皱缩。果粒受害时,果面出现褐色圆斑,中部逐渐变为灰白色,凹陷。受害果实病斑会硬化甚至开裂,失去食用价值。黑痘病最为明显的表现是嫩梢症状。黑痘病的病菌主要以菌丝体在病蔓、病梢等组织中越冬,也可以在病果中越冬。4～5 月份产生分生孢子,借风雨传播。在湿度大、雨水较多时,病斑部位可不断产生分生孢子,进行再次侵染。条件适宜时,一般 6～7 天即可产生分生孢子进行再次侵染。病菌潜伏期一般 1～2 周。

2. 防治方法　对黑痘病有治疗作用的优秀杀菌剂有苯醚甲环唑、氟硅唑、甲基硫菌灵、戊唑醇、多菌灵等;有预防作用的杀菌剂有波尔多液、代森锰锌、保倍、保倍福美双、氢氧化铜等。铜制剂是防治该病的最为重要的药剂。开花前和落花后是一年中黑痘病防治最为关键的时期,可与炭疽病、灰霉病、白腐病、白粉病防治同时进行,使用"广谱型治疗剂+广谱型保护剂"。

(六)白 粉 病

1. 危害特点 白粉病主要侵染叶片、果实、新梢等,幼嫩组织受害较为严重。叶片发病时,在正面产生灰白色病斑,覆盖白色粉状物,严重时背面也有粉状物。幼小叶片受害时,叶片扭曲变形,甚至停止生长。果实对白粉病较为敏感,含糖量较低时,易感染,当糖度升高到一定量时,对此有一定抗性,超过一定糖度时,果实不再受到感染。果实发生白粉病时,表面产生霉层,擦去白粉会看见果实表面的网状花纹。小幼果受害时,果实生长受限,容易脱落;大幼果发病时,容易变硬、纵向开裂。成熟期发病时,糖分积累困难。该病主要以菌丝体在被害组织内或芽鳞间越冬,在南方温暖的条件下,菌丝体和分生孢子都可以越冬。翌年春季葡萄芽开始萌动时,菌丝体上产生的分生孢子借助风和昆虫传播至幼嫩组织上,条件合适时,分生孢子即可萌发侵染幼嫩组织。雨水较多时,反而不利于分生孢子的生长发育,没有水是白粉病流行的有利条件,在设施栽培下,一般白粉病发生加重。我们常常看到,避雨栽培条件下白粉病发生严重,应引起重视。

2. 防治方法 防治白粉病要综合治理。葡萄临近发芽时,田间喷洒 1 次 3~5 波美度的石硫合剂,也可以使用其他硫制剂。目前对白粉病有治疗作用的优秀杀菌剂有三唑类(苯醚甲环唑、三唑酮等)、硫制剂(如硫悬浮剂、石硫合剂、多硫化钡、硫水分散粒剂等)、美胺、戊唑醇、多菌灵、甲基硫菌灵、氟硅唑等;有预防作用的优秀杀菌剂有保倍福美双、保倍等。葡萄开花前、落花后、套袋前是白粉病防治的关键时期,与炭疽病、灰霉病、白腐病、黑痘病的防治可同时进行,使用"广谱型治疗剂+广谱型保护剂"。

第十二章　葡萄病虫害防治

(七)穗轴褐枯病

1. 危害特点　穗轴褐枯病主要危害葡萄花序的穗轴或梗,也危害幼小果实。湿度大时,病斑上可以看见褐色霉层及病菌的分生孢子梗和分生孢子,发展后致使花序轴变褐坏死,后期干枯,其上的花蕾也随之干枯、萎缩、脱落,发生严重时,花蕾几乎会全部落光。葡萄发生该病时,会造成严重减产、穗轴出现不整齐现象,果实受害时常常果皮粗糙、容易裂果。病菌以分生孢子在枝蔓或芽鳞内越冬,翌年春季幼芽萌动至开花期分生孢子侵入,病斑形成后又会产生分生孢子,造成再次侵染。开花前后雨水多时,该病发生严重。

2. 防治方法　开花前夕是该病防治的最关键时期,可与其他病害的花前喷药同时进行,使用"广谱型治疗剂＋广谱型保护剂"。对穗轴褐枯病有治疗作用的优秀杀菌剂有苯醚甲环唑、氟硅唑、戊唑醇等;有预防作用的优秀杀菌剂有代森锰锌、波尔多液、王铜、保倍、保倍福美双等。

(八)酸 腐 病

1. 危害特点　葡萄酸腐病是近年来新发现的一种果实病害。该病主要危害着色期的果实,而最早在葡萄的封穗以后开始危害。发生酸腐病的果粒症状之一表现为果粒腐烂,果粒严重发病后,果皮与果肉有明显的分离,果肉腐烂,果皮内有明显的汁液,到一定程度后,汁液常常外流。症状之二是病果粒有酸味,接近发病果粒,会闻到有醋酸的气味。症状之三是有粉红色小醋蝇成虫出现在病果周围,并时常能发现有小蛆出现。症状之四是在位于果穗下方的果袋部位,常有因果肉内汁液流出后造成的深色污染。

　　该病被认为是真菌、细菌、昆虫三方联合危害的结果。其中酸腐病的病原真菌是酵母菌,它在自然界中普遍存在,酵母菌可以参

158

与糖的转化,把糖转化成乙醇;酸腐病的病原细菌是醋酸菌,它可以把乙醇转化为醋酸;酸腐病的病原昆虫是醋蝇,它的体积很小,成虫体长一般不超过 0.5 厘米,它在酸腐病的发生及危害中主要起酵母菌与醋酸菌的载体、传播作用。

2. 防治方法 在防治上,首先,要重视晚熟品种尽量不要与早熟品种混栽。早熟品种发病会给晚熟品种提供病原扩展的机会,加速病原的繁殖,增加田间病原基数,从而逐步加重该病在晚熟品种上的发展。调查发现,单一种植晚熟品种的果园,酸腐病发生较轻;早熟与晚熟品种混栽的果园,酸腐病发生较重。里扎马特、黑大粒、巨峰是容易感染该病的品种,且成熟期早于红地球,红地球品种如与之混栽,该病发生就会更为严重。其次,要重视早熟品种酸腐病的防治。在已经混栽的葡萄园中,加强对早熟品种酸腐病的防治,防治酸腐病应贯彻前期要狠的思想,把病原限制在一个较低的水平上。及时摘除受损果粒,在田间发现有损伤的果粒,包括病粒、虫粒、机械损伤的果粒时,要及时摘除,不给病原提供繁殖扩展的机会。要加强对白粉病、白腐病、炭疽病等病害的防治,这些病害产生的症状是造成病原增殖的原因之一。调查发现,凡是其他病害防治较好的果园,酸腐病基本上发病率也较低。在葡萄发芽前喷洒硫制剂与铜制剂防治是全年防治这些病害的基础。控制氮肥的使用量,避免葡萄植株徒长。加强栽培管理,及时进行摘心、缚蔓、整枝等工作,提高通风透光的能力,避免田间过于郁闭从而给病原菌带来适宜的繁殖生长的环境。加强栽培管理,减少裂果。用糖醋液诱杀醋蝇成虫,可以制作一定数量的糖醋液诱杀成虫,分别挂于田间多个地点,利用醋蝇对糖醋液的趋性,对其进行早期诱杀。再次,进行药剂防治。酸腐病是酵母菌、醋酸菌、醋蝇三者联合作用的结果,因此,防治上要针对三者同时进行。酵母菌在自然界是普遍存在的,很难对它进行有效的防治。醋蝇繁殖速度惊人,条件适宜时,在较短的时间内就会产生大量的群体。醋酸菌在遇到有烂果的情况下，也会大量增殖。根据这一实际情况，防治的基本思路应坚持治早、治准、治狠的原则。

对醋蝇的防治目前主要还应该以化学防治为主，生产上常用的农药要高效低毒，如 10％氟硅唑乳油 3 000 倍液、80％晶体敌百虫 800 倍液等，为提高农药的有效期，也可采用 40％辛硫磷乳油 1 000 倍液，注意杀虫剂要交替使用。防治醋酸菌、酵母菌可以采用 80％必备 400～600 倍液防治，该药目前被认为是防治该病的理想药剂。喷药时期选择在葡萄的封穗期果粒开始上色时进行，成熟期不同的品种适宜的防治时期是不同的，成熟早的品种防治应早，成熟晚的品种防治时期应适当推迟。从封穗期开始，一般防治 2～3 次，一般性的防治可以喷洒石灰半量式的波尔多液 200 倍液＋10％氟硅唑乳油 3 000 倍液，或者石灰半量式的波尔多液 200 倍液＋80％晶体敌百虫 800 倍液。遇到有明显的病害症状时，一般采用石灰半量式的波尔多液 200 倍液＋10％氟硅唑乳油 2 000～3 000 倍液对果穗进行重点处理。当醋蝇数量较多时，杀虫剂也可以考虑选用敌敌畏进行防治。

四、主要虫害的防治

(一)东方盔蚧

1. 为害特点　东方盔蚧又名扁平球坚蚧。避雨栽培条件下发生较为严重。在葡萄上一年发生 2 代，以若虫在枝蔓的裂缝、枝条阴面越冬。翌年在葡萄发芽前后，随着温度升高若虫开始活动，爬至枝条上开始为害，4 月份开始变为成虫，5 月上旬开始产卵，将卵产在自己的介壳内，5 月中旬为产卵盛期，雌虫一般不需要与雄虫交尾即可产卵，每个雌虫可产卵 1 000 多粒，卵期 3～4 周，5 月上旬至 6 月上旬为孵化盛期，6 月中旬开始转移至新梢、果穗上为害,7月上旬羽化为成虫。常在新梢枝条上看见该虫,为害严重时,叶片上、新梢上常出现成片的黑色霉状物。

2. 防治方法 介壳虫的防治通常是发芽前与生长期结合进行药剂防治。葡萄发芽前,要求在果园喷洒3~5波美度石硫合剂,消灭越冬若虫。生长季节防治主要抓好葡萄刚发芽时和6月1日前后的若虫孵化盛期进行,若虫孵化时,幼小虫体抗药性差,药剂防治效果较好。防治介壳虫的优秀药剂有毒死蜱、吡虫啉、啶虫脒、杀扑磷等。

(二)透翅蛾

1. 为害特点 透翅蛾1年发生1代,以老熟幼虫在受害枝条内越冬。幼虫主要为害嫩梢,初龄幼虫蛀入嫩梢,为害髓部,致使嫩梢死亡,被害嫩梢容易被折断,被害部位肿大,蛀孔外有褐色虫粪。该虫5月1日前后开始活动,在越冬枝条里咬1个小孔,而后作茧化蛹。蛹期一般10天左右,由蛹变为成虫的时期一般于葡萄开花期。成虫卵多产在较粗的新梢上,卵期10天左右。初孵化的幼虫多从叶柄基部进入嫩梢内,幼虫的蛀食方向是由下向上进行,造成新梢上部很快枯死。而后转向基部方向蛀食,受害新梢叶片变黄,果实脱落。幼虫1年内转移2~3次,越冬前转移至2年生以上枝条内为害,9~10月份老熟幼虫越冬。葡萄树龄大时发生严重,在葡萄的开花期及浆果期为害严重。

2. 防治方法 防治透翅蛾应首先加强农业防治,冬季修剪时将有虫的枝条剪除,集中烧毁,葡萄生长季节发现有被害枝条时,要及时剪除。发现为害症状时,可采用虫孔注射药剂,虫孔注射可使用80%敌敌畏乳油200倍液,使用菊酯类农药时,可用500倍液,注射后用湿土将排粪孔密封。

第十二章　葡萄病虫害防治

(三)绿盲蝽

1. 为害特点　绿盲蝽主要在春季发芽后为害幼嫩的枝芽,常造成叶片枯死小点,随着叶片不断生长,枯死小点逐渐变成孔洞,花蕾受害后会停止生长甚至脱落,受害幼果粒初期表面呈现黄色小斑点,随着果粒生长发育,小斑点逐渐扩大,严重时受害部位发生龟裂。绿盲蝽也可为害棉花、蔬菜等多种作物,寄主范围较广,1年发生3～5代,主要以卵越冬,3～4月份越冬卵开始孵化,葡萄萌芽后开始为害,葡萄展叶盛期为为害盛期,幼果期开始为害果实,而后随着气温逐渐升高,为害逐渐变轻。

2. 防治方法　绿盲蝽成虫白天多潜伏在葡萄树下的杂草内,多在夜晚和早晨为害,喷药时期可选择在傍晚进行。防治绿盲蝽的优秀药剂包括菊酯类药剂(如溴氰菊酯、氯氰菊酯、高效氯氰菊酯等)、吡虫啉等。对该虫的防治喷药要周到、细致。

(四)叶　蝉

1. 为害特点　葡萄树上的叶蝉一般有2种,即葡萄斑叶蝉和葡萄二黄斑叶蝉。两者生活习性基本相似,每年发生3～4代,以成虫越冬。越冬成虫一般于4月中下旬开始产卵,5月中下旬若虫盛发,多在叶片背面为害,夏季喜欢在温度较低时取食,上午7～9时,晚上6～8时为活动取食高峰期。

2. 防治方法　在葡萄发芽后是叶蝉越冬代成虫防治的关键时期,开花前后是第一代若虫防治的关键时期,应加紧喷药防治。理想的防治药剂有吡虫啉、菊酯类药剂等。

附 录

附录1 葡萄周年管理工作历

物候期	主要作业
休眠期	1. 冬季修剪,修剪适宜时期为落叶后1个月至发芽前1个半月。 2. 清扫枯枝落叶,集中烧毁或深埋。 3. 寒流到来前浇封冻水防治树体受冻害
萌动至发芽前	1. 临近发芽前,喷高浓度(1 000倍液)的氟硅唑或苯醚甲环唑到树干,铲除多种病害的病原菌;设施栽培园可喷洒3~5波美度的石硫合剂。 2. 果园浇催芽水,同时施入一定量的氮磷钾复合肥+少量氮肥
发芽至开花前	1. 抹芽定梢。 2. 寒流来临时浇水防治晚霜。 3. 结果性差的品种在可见到花序时定梢。 4. 开花前3天左右新梢于半大叶片处摘心。 5. 开花前3天左右喷药防治及补硼,药剂选用"广谱型治疗剂+广谱型保护剂+硼制剂",防治多种病害。 6. 定花序。 7. 花序修整。对落花落果严重的品种此时不进行花序整形,可于落花后7天左右进行果穗整形
开花坐果期	1. 无核化处理,盛花末期植物生长调节剂浸花序处理。 2. 落花后喷药防病,此时是一年中防治病害的关键时期之一,主要防治炭疽病、白腐病、白粉病、黑痘病、果穗病。使用"广谱型治疗剂+广谱型保护剂",要保证喷药质量

163

续附录 1

物候期	主要作业
果实快速膨大至硬核期	1. 果实膨大处理,盛花后 15 天左右。 2. 落花后 7～10 天进行果穗整理,去除副穗及穗尖的 1/5 左右,小分穗尖端去除,对着生紧密的品种,也可适当去除小分穗,确定单穗留果数量。 3. 此期是病害全年重点防治期,每隔 10～15 天喷 1 次杀菌剂(广谱型治疗剂＋广谱型保护剂)。 4. 新梢持续摘心、去副梢。 5. 落花后 7 天左右开始追施催果肥,重点施用氮磷钾三元复合肥＋钾肥。 6. 果穗适时套袋,套袋前药剂蘸穗处理果实,使用"抑霉唑＋苯醚甲环唑＋保倍"等。 7. 果实快速膨大期注意预防果实日灼病
果实着色至成熟期	1. 去除基部老叶。 2. 田间发现有少数霜霉病叶时开始喷药防治,喷"治疗剂＋保护剂",发生严重时,4 天后补喷 1 次。 3. 成熟期停止浇水,尤其是易裂果品种。 4. 中晚熟品种在着色前追施 1 次硫酸钾,以增加糖分积累。 5. 果实采收 1 周前去除果袋。 6. 新梢持续摘心、去副梢
果实采收后至落叶前	1. 果实采收后及时施基肥,以有机肥为主,晚熟品种也可提前至果实采收前进行。 2. 早霜来临前,田间浇水防冻。 3. 喷药防治早落叶,重点防治霜霉病、黑痘病,保护叶片以促进营养积累。 4. 我国中部地区,立秋后新发新梢全部去除,南方地区可适当延长时间去除新发新梢

附 录

附录2 葡萄病虫害年防治历

时　期		使用的特效药剂	备　注
发芽前夕		石硫合剂、苯醚甲环唑、氟硅唑等	避雨及其他设施栽培园用3～5波美度石硫合剂；露地栽培园使用苯醚甲环唑或氟硅唑1 000倍液
发芽后至开花前	2～3片叶	菊酯类杀虫剂	防治绿盲蝽等
	开花前10天左右	福美双（或代森锰锌等）+硼砂（或多聚硼酸钠）	以补充硼、防治花序病害为主
	开花前2～3天	代森锰锌（或保倍、福美双、保倍福美双等）+苯醚甲环唑（或氟硅唑）+硼砂（或保倍硼）	全年重点防治时期之一
落花后至套袋前	落花后	保倍福美双（或科博、保倍、代森锰锌等）+苯醚甲环唑（或氟硅唑）	全年重点防治时期。套袋前每隔10～15天喷药1次，一般花后喷药2次后套袋。雨后应补喷
	套袋前夕	抑霉唑+苯醚甲环唑（或氟硅唑）+保倍（或保倍福美双、科博等）	套袋一般在上次喷药后10天左右进行，要高度重视
套袋后至果实成熟		"代森锰锌＋烯酰吗啉（或瑞毒霉）"防治霜霉病；喷代森锰锌或甲基硫菌灵防治黑痘病。在没有套袋的果园，可继续喷"广谱型治疗剂＋广谱型保护剂"	防霜霉病。烯酰吗啉与瑞毒霉要交替使用，严重时，喷第1次后4天应补喷。没有套袋的果园，注意交替使用不同的药剂，防治抗药性产生
果实采收后		（福美双、代森锰锌、甲基硫菌灵等）+磷酸二氢钾	果实采收后每隔7～10天喷1次，连续2次左右，保护叶片，促进营养积累

165

主要参考文献

[1] 孔庆山．中国葡萄志[M]．北京：中国农业科学技术出版社,2004.

[2] 晁无疾．葡萄优新品种及栽培原色图谱[M]．北京：中国农业出版社,2004.

[3] 严大义．葡萄生产关键技术百问百答[M]．北京：中国农业出版社,2008.

[4] 王忠跃．提高葡萄商品性栽培技术问答[M]．北京：金盾出版社,2010.

[5] 王忠跃．中国葡萄病虫害与综合防控技术[M]．北京：中国农业出版社,2009.

[6] 杨治元．大紫王葡萄[M]．北京：中国农业出版社,2010.

[7] 杨治元．葡萄营养与科学施肥[M]．北京：中国农业出版社,2009.

[8] 杨治元．葡萄100个品种特性与栽培[M]．北京：中国农业出版社,2008.

[9] 杨治元．醉金香葡萄[M]．北京：中国农业出版社,2008.

[10] 刘捍中,刘凤之．葡萄无公害高效栽培[M]．北京：金盾出版社,2007.

[11] 刘捍中,刘凤之．葡萄优质高效栽培[M]．北京：金盾出版社,2008.

[12] 徐海英,闫爱玲,张国军．葡萄标准化栽培[M]．北京：中国农业出版社,2007.

［13］　姜建福,刘崇怀．葡萄新品种汇编［M］．北京:中国农业出版社,2010.

［14］　胡建芳．鲜食葡萄优质高产栽培技术［M］．北京:中国农业大学出版社,2002.

［15］　张一萍．葡萄整形修剪图解［M］．北京:金盾出版社,2009.

金盾版图书,科学实用,
通俗易懂,物美价廉,欢迎选购

葡萄栽培技术(第二次修订版)	17.00	甜橙柚柠檬良种引种指导	18.00
葡萄无公害高效栽培	16.00	脐橙优质丰产技术(第2版)	19.00
葡萄优质高效栽培	15.00	脐橙整形修剪图解	6.00
葡萄周年管理关键技术	12.00	脐橙树体与花果调控技术	10.00
葡萄高效栽培教材	6.00	柚优良品种及无公害栽培技术	14.00
大棚温室葡萄栽培技术	6.00	沙田柚优质高产栽培	12.00
葡萄整形修剪图解	6.00	无核黄皮优质高产栽培	8.00
盆栽葡萄与庭院葡萄	7.00	香蕉无公害高效栽培	14.00
中国柑橘产业化	37.00	香蕉优质高产栽培(第二版)	13.00
柑橘无公害高效栽培(第2版)	18.00	香蕉周年管理关键技术	10.00
柑橘优质丰产栽培300问	16.00	龙眼荔枝施肥技术	8.00
柑橘优良品种及丰产技术问答	17.00	龙眼产期调节栽培新技术	9.00
南丰蜜橘优质丰产栽培	11.00	龙眼周年管理关键技术	10.00
砂糖橘优质高产栽培	12.00	荔枝龙眼芒果沙田柚控梢促花保果综合调控技术	12.00
柑橘整形修剪图解	12.00		
柑橘整形修剪和保果技术	12.00	杧果高产栽培	7.00
特色柑橘及无公害栽培关键技术	11.00	杧果周年管理关键技术	10.00
橘柑橙柚施肥技术	10.00	菠萝无公害高效栽培	10.00
碰柑优质丰产栽培技术(第2版)	13.00	杨梅丰产栽培技术	9.00
		枇杷高产优质栽培技术	8.00

以上图书由全国各地新华书店经销。凡向本社邮购图书或音像制品,可通过邮局汇款,在汇单"附言"栏填写所购书目,邮购图书均可享受9折优惠。购书30元(按打折后实款计算)以上的免收邮挂费,购书不足30元的按邮局资费标准收取3元挂号费,邮寄费由我社承担。邮购地址:北京市丰台区晓月中路29号,邮政编码:100072,联系人:金友,电话:(010)83210681、83210682、83219215、83219217(传真)。